全国中等职业技术学校电工类专业一体化精品教材

# 楼宇综合布线

人力资源和社会保障部教材办公室组织编写

中国劳动社会保障出版社

**简介**

本书为全国中等职业技术学校电工类专业一体化精品教材，主要内容包括综合布线系统的认知，智能楼宇综合布线系统线路的施工以及智能楼宇综合布线系统的安装、维护和测试。

本书由芦乙蓬、包书方主编，张俊副主编，陈忠仁、夏冷参加编写。

**图书在版编目(CIP)数据**

楼宇综合布线/人力资源和社会保障部教材办公室组织编写. —北京：中国劳动社会保障出版社，2013

全国中等职业技术学校电工类专业一体化精品教材

ISBN 978-7-5167-0681-7

Ⅰ.①楼…　Ⅱ.①人…　Ⅲ.①智能化建筑-布线-中等专业学校-教材　Ⅳ.①TU855

中国版本图书馆 CIP 数据核字(2013)第 231958 号

**中国劳动社会保障出版社出版发行**

（北京市惠新东街 1 号　邮政编码：100029）

*

北京谊兴印刷有限公司印刷装订　新华书店经销

787 毫米×1092 毫米　16 开本　8.75 印张　200 千字

2013 年 10 月第 1 版　　2023 年 1 月第 8 次印刷

**定价：15.00 元**

营销中心电话：400-606-6496

出版社网址：http://www.class.com.cn

http://jg.class.com.cn

# 前　言

为了更好地适应全国中等职业技术学校电工类专业的教学要求，全面提升教学质量，人力资源和社会保障部教材办公室组织全国有关学校的一线教师和行业、企业专家，在充分调研企业生产和学校教学情况的基础上，研发、出版了全国中等职业技术学校电工类专业一体化精品教材。本套教材充分吸收国内外职业教育教学的先进理念，借鉴一体化教学改革的最新成果，在体系构建和内容设置上具有突出特点。

一是教材体系完整，为教和学提供有力支持。

从电工类专业教学实际需求出发，构建既有通用基础平台又有不同专业方向平台的完整的一体化教材体系。其中，通用基础平台的教材包括《电工基础》《电子技术基础》《电工电子基本技能》《电子小制作》；专业方向平台的教材包括《电机变压器设备安装与维护》《电气控制线路安装与检修》《PLC基础与实训》《楼宇智能化技术》《电气运行》《视频监控与安防技术》《楼宇综合布线》《继电保护装置及二次回路》等，适用于电气自动化设备安装与维修、楼宇自动控制设备安装与维护、变配电设备运行与维护等专业方向的教学。

从“助教”和“助学”的角度构建部分课程对应的教学资源，结构如下：

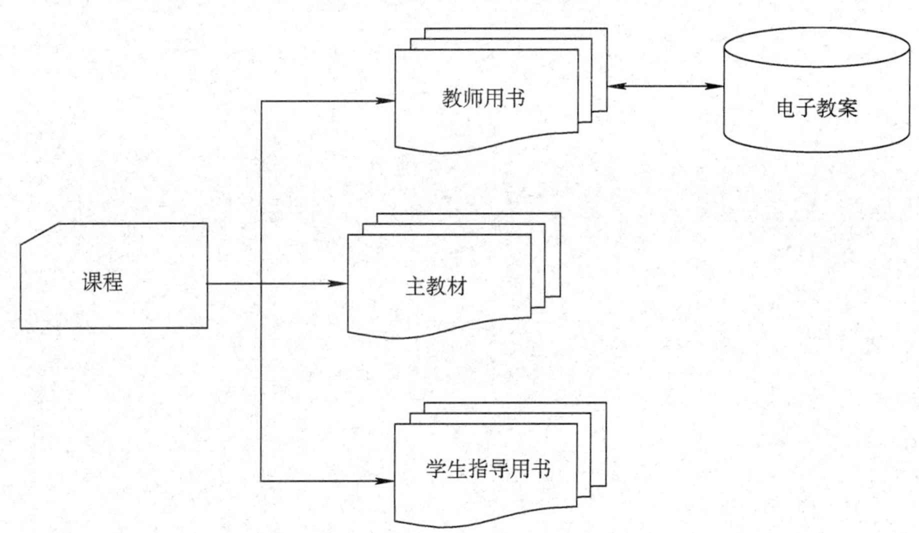


其中，主教材讲授各门课程的主要知识和技能，内容准确、针对性强，并通过课题的设置和栏目的设计，突出教学的互动性，启发学生自主学习。教师用书涵盖教材内容分析、教学过程建议、课堂活动设计等多个方面的内容，为教师提供全面的教学指导服务。在教师用书之后还附有教学用电子教案等多媒体教学素材光盘。学生指导用书除包含课后习题外，还设置了与教师用书配套的课堂活动设计内容，注重学生综合素质培养、知识面拓展和能力强化，成为贯穿学生整个学习过程的学习指导材料。

二是教材内容精良，为能力培养打造坚实平台。

在内容的选择和组织上，坚持以能力为本位，重视实践能力的培养。力求使教材内容涵盖《国家职业标准·维修电工》（中级）、《国家职业标准·智能楼宇管理师》（智能楼宇管理员）和《国家职业标准·变配电室值班电工》（中级）的知识和技能要求。结合一体化教学理念，以典型工作任务为载体，整合相应的知识和技能，实现理论与操作技能的统一，使学生在一个个贴近企业的具体职业情境中学习，既符合职业教育的基本规律，又有利于培养学生分析问题和解决问题的综合职业能力。

在内容的呈现方式上，尽可能使用图片、实物照片或表格等形式将各个知识点和操作过程生动地展示出来，力求给学生营造一个更加直观的认知环境。同时，设计了很多贴近生活的导入和小栏目，以期激发学生的学习兴趣。

本套教材的开发得到了河北、江苏、陕西、河南、广西、广东等省、自治区人力资源和社会保障厅及有关学校的大力支持，在此我们表示诚挚的谢意。

**人力资源和社会保障部教材办公室**

2012 年 12 月

# 目　录

模块一

# 综合布线系统的认知

## 课题一　综合布线系统的概述

1. 了解综合布线系统的发展历程。
2. 了解综合布线系统的定义与组成。
3. 了解综合布线系统的特点。
4. 了解国际、国内综合布线系统的相关标准。
5. 通过参观智能化小区，了解综合布线的结构。

### 一、综合布线系统的发展历程

传统的布线线缆有电话线缆、有线电视线缆、计算机网络线缆等，它们是由不同单位各自设计和安装完成，并且采用不同的线缆及终端插座，各个系统是互相独立的，各个系统的终端插座、终端插头、配线架等设备都无法兼容，当设备需要移动或需要更换时，必须重新布线。因而造成维修、维护难度大，成本高等问题。综合布线系统是近年来伴随着智能建筑而产生的，它是智能建筑的信息通道，是将传输网络（计算机）信号的数据布线系统、传输视频（电视、监控）信号的视频布线系统与传输音频（电话、广播）信号的音频布线系统看成一个统一的整体，统一规划，统筹考虑，统一安装的线路布线方式。综合布线系统弥补了传统布线系统的不足，近年来得到了广泛应用。

其发展历程为：20 世纪 50 年代初期，一些高层建筑开始采用电子器件组成的控制系统，到了 60 年代，开始出现数字式自动化系统，而 70 年代，建筑物自动化系统采用专用计算机系统进行管理、控制和显示，从 80 年代中期开始，出现了智能化建筑物，而到了 80 年代末期，美国朗讯科技率先推出结构化布线系统 SYSTIMAX PDS，我国是在 20 世纪 80 年代末期开始引入综合布线系统，90 年中后期综合布线系统得到了迅速的发展。

### 二、综合布线系统的定义与组成

**1. 综合布线系统的定义**

布线系统是指由能够支持信息电子设备相连的各种缆线、跳线、接插件和连接部件组成的系统，它包括数据网、电话网、电视网、监控、保安、温控等系统的布线。

综合布线是一门新发展起来的工程技术，它涉及计算机技术、通信技术、控制技术与建筑技术。综合布线是集成网络系统的基础，它能够支持数据、话音（音频）及其图像（视频）等的传输要求，支持各种计算机网络和通信系统的要求。同时，作为开放系统，综合布线也为其他系统的接入提供了有力的保障。它还能支持多种网络协议，实现和不同生产厂商的设备互连，可适应各种灵活的、模块化的组网方案。

综上所述，综合布线系统是一种用于建筑群之中，为计算机、通信设施与监控系统预先设置的信息传输通道。它将语音、数据、图像等设备彼此连接，同时能使上述设备与外部通信数据网络相连。

**2. 综合布线系统的组成**

（1）综合布线系统的组成，如图 1—1—1 所示。

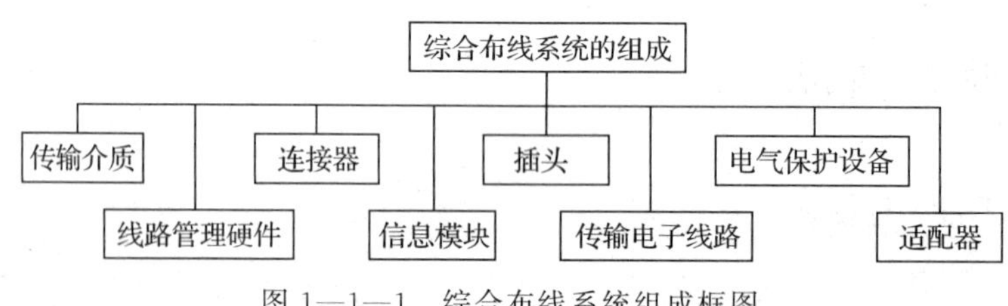


图 1—1—1　综合布线系统组成框图

（2）综合布线系统结构复杂，线路极多，识读图难度大，为了方便安装、施工与设计，可以将综合布线系统分成若干个子系统，使整个系统层次分明，易于管理和施工。

1）按传输介质的不同可分为数据综合布线子系统、视频综合布线子系统和音频综合布线子系统。

2）按安装位置的不同可分为工作区（用户）子系统、水平子系统、管理间子系统、进线间子系统、设备间子系统、垂直子系统和建筑群子系统。

按照各部分在系统中所起的作用不同，综合布线系统又可以用子系统结构框图和子系统组成示意图表示，如图 1—1—2 和 1—1—3 所示。

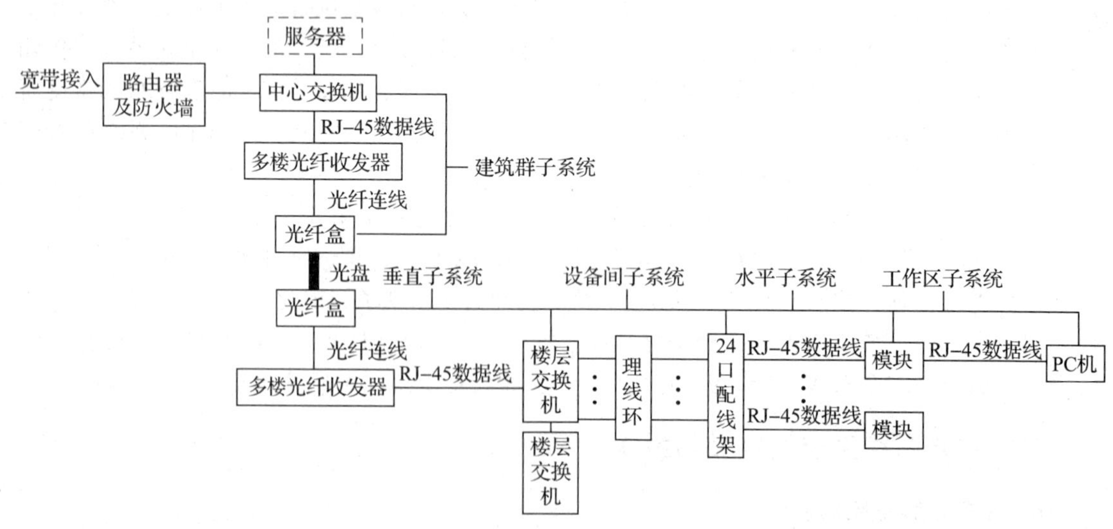


图 1—1—2　综合布线子系统结构框图

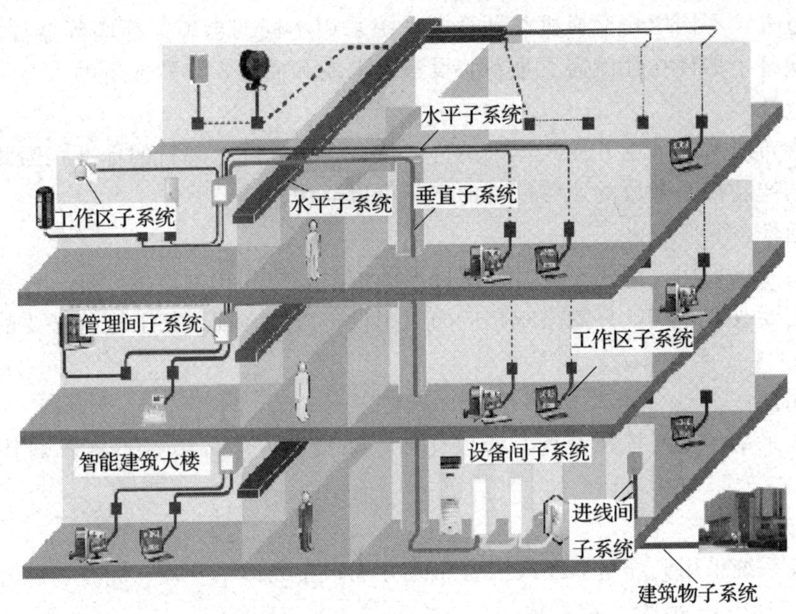


图 1—1—3　综合布线子系统实物示意图

## 三、综合布线系统的分类与特点

### 1. 综合布线系统的分类

根据实际需要，综合布线系统可分为基本型、增强型与综合型。

（1）基本型

适用于配置标准较低的场所，一般用铜芯双绞线电缆组网。基本型综合布线系统配置要求如下：

1）每个工作区配置一个信息插座（模块）。

2）每个工作区的配线电缆应为一条 4 对双绞线电缆。

3）硬件之间采用插接方式交接方法连接。

（2）增强型

适用于配置标准中等的场所，一般用含有撕裂绳的铜芯双绞线电缆组网。增强型综合布线系统配置要求如下：

1）每个工作区配置两个信息插座（模块）。

2）每个工作区的配线电缆应为两条 4 对双绞线电缆。

3）硬件之间采用夹接方式或插接方式交接方法连接。

（3）综合型

适用于配置标准较高的场所，一般用含有线架的铜芯双绞线电缆和光缆混合组网。

综合型的配置应在基本型和增强型的基础上增设光缆系统。

### 2. 综合布线系统的特点

（1）兼容性

综合布线系统的首要特点是它的兼容性。所谓兼容性是指综合布线系统自身是完全独立的，与应用系统相对无关，可以适用于多种应用系统。

例如：过去，不同用户交换机与计算机系统采用不同的电缆、插座等器件，互不兼容，一旦需要更换某个器件往往就需要重新装设整套电缆和插座，浪费大量的人力、物力。

（2）开放性

由于综合布线系统采用开放式体系结构，符合多种国际上现行的标准，因此它几乎对所有著名厂商的产品都是开放的，各厂商的产品可以通用。

（3）灵活性

综合布线系统采用模块化设计，使用标准的传输线缆和相关连接硬件，所有设备的开通及更改均不需要改变布线，只需增减相应的应用设备以及在配线架上进行必要的跳线管理即可。

（4）可靠性

由于系统采用了星型拓扑结构，所以任何一条线路发生故障都不会影响其他线路的运行。

（5）先进性

综合布线系统采用光纤与双绞线混合布线方式，布线体系合理、完整，综合布线系统一般要求能满足 10～15 年的发展需要。

（6）经济性

综合布线系统与传统布线相比，可适应更长时间的需求，而传统布线改造很费时间，耽误工作造成的损失更是无法用金钱计算。

## 四、综合布线系统国内外常用标准

**1. 国际标准**

ANSI/TIA/EIA－568－A/B（CSAT529－95）商业大楼通信布线标准。

ANSI/TIA/EIA－607（CSA T527）商业大楼布线接地保护连接需求。

ANSI/TIA/EIA－606（CSA T528）商业大楼通信基础设施管理标准。

ANSI/TIA/EIA 568－AI 传输延迟和延迟差规范。

ANSI/TIA/EIA 570－A 智能住宅电信布线标准。

ISO/IEC 11801：2002 国际标准化组织/国际电工委员会的《建筑物信息技术类布线标准》。

**2. 国内标准**

GB 50311—2007 中华人民共和国国家标准《综合布线系统工程设计规范》。

GB 50312—2007 中华人民共和国国家标准《综合布线系统工程验收规范》。

## 一、实训目的

1. 通过参观进一步加深对综合布线系统的认识。

2. 通过参观培养学生严谨的工作作风、勤学好问的学习态度和随时记录的良好习惯。

3. 通过参观养成团队协作精神。

## 二、实训器材

无。

## 三、实训内容

### 1. 填写下列表格

(1) 了解建筑物总体信息

见表1—1—1。

表1—1—1　　建筑物总体信息

| 建筑物名称 | 总层数 | 总面积 | 功能 | 结构 |
| --- | --- | --- | --- | --- |
| | | | | |

(2) 各层建筑的相关信息

见表1—1—2、表1—1—3。

表1—1—2　　一层建筑的相关信息

| 项目 | 内容 | | | | | | 房间总数 |
| --- | --- | --- | --- | --- | --- | --- | --- |
| 房间名称 | | | | | | | |
| 房间作用 | | | | | | | |
| 房间内信息点 | | | | | | | |

表1—1—3　　二层建筑的相关信息

| 项目 | 内容 | | | | | | 房间总数 |
| --- | --- | --- | --- | --- | --- | --- | --- |
| 房间名称 | | | | | | | |
| 房间作用 | | | | | | | |
| 房间内信息点 | | | | | | | |

### 2. 填写综合布线系统各部分的名称

见表1—1—4。

表1—1—4　　综合布线系统各部分的名称

| 楼层 | | | | | | |
| --- | --- | --- | --- | --- | --- | --- |
| 按结构来分的子系统名称 | | | | | | |

### 3. 画出子系统关系简图

按照图1—1—3，画出综合布线各子系统之间关系的简图。

## 四、评分标准（见表 1—1—5）

表 1—1—5　　实训评价

| 内容 | 要求 | 配分 | 评分标准 | 扣分 | 得分 |
| --- | --- | --- | --- | --- | --- |
| 综合布线系统各部分名称 | 1. 正确填写所见到的子系统的名称<br>2. 正确填写所见到的设备的名称、型号<br>3. 说明主要设备的作用 | 60 | 1. 填错一个子系统扣 5 分<br>2. 填错一种材料与一个设备名称扣 5 分<br>3. 填错一种材料与一个设备型号扣 2 分<br>4. 设备主要作用描述不正确扣 5 分 | | |
| 安全文明参观、按时完成实训 | 1. 要在规定的时间内安全文明参观<br>2. 要在参观完成后，40 min 内独立完成表格的填写 | 30 | 1. 不符合安全文明参观条件扣 30 分<br>2. 未按时完成表格填写的，每超过 5 min 扣 5 分，直到扣完该项得分 | | |
| 评测 | 由教师完成 | 10 | 不听从教师指挥的扣 10 分 | | |

# 课题二　综合布线系统常用材料

1. 掌握综合布线系统中常用材料的类型、作用。
2. 熟悉五类及超五类屏蔽/非屏蔽双绞线的物理构造及电气特性指标。
3. 会正确选择各种材料。

## 一、常用材料的分类（见图 1—2—1）

综合布线系统常用的材料种类很多，为了方便学习，大致将其分为线缆、连接硬件、信息模块和楼层设备四类。其中，线缆又分为光缆和电缆两类，连接硬件分为光缆连接件和电缆连接件。

## 二、线缆

### 1. 电缆

电缆又称为传输介质，通常是由几根（或几组）相互绝缘的导线围绕一个中心绞合而成，且整个外部包有绝缘覆盖层的电信或电力传输材料，综合布线系统常用的有双绞线电缆和同轴电缆。

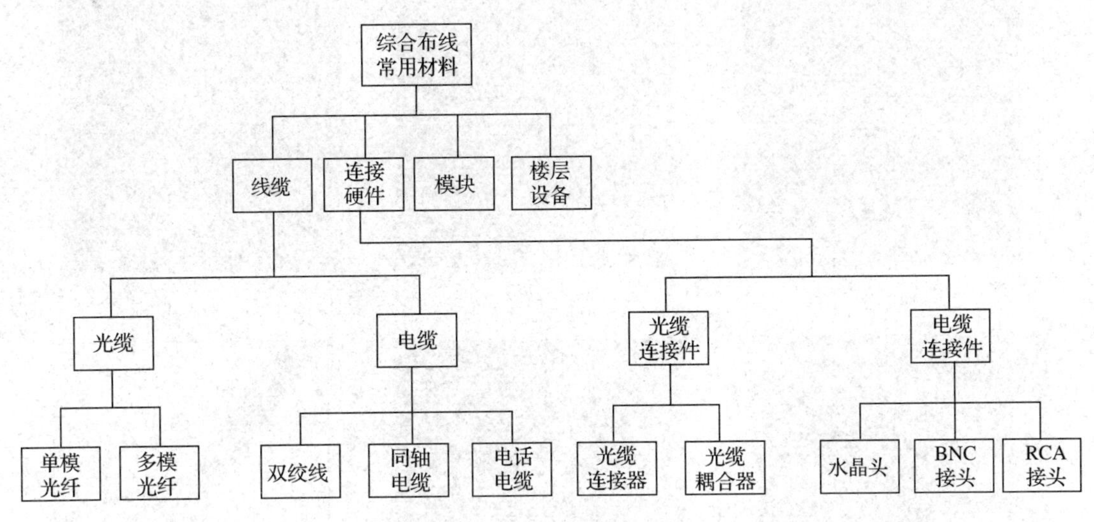


图 1—2—1 常用材料分类图

(1) 双绞线电缆

双绞线（TP）由两根具有绝缘保护的铜导线组成，把两根绝缘铜导线按一定的节距互相扭绞在一起，每一根导线在导电传输中辐射出的电磁波会被另一根导线上辐射出的电磁波所抵消，从而减少信号辐射影响的程度。将一对或多对双绞线安置在一个塑料护套中，便形成了双绞线电缆。双绞线电缆的每一对导线的电气特性相同，故双绞线电缆属于平衡电缆。

1）双绞线电缆的适用范围。双绞线电缆一般用于数据网络的物理连接。

2）双绞线电缆的分类。双绞线电缆按其是否外加金属网丝套的屏蔽层而区分为非屏蔽双绞线（UTP）和屏蔽双绞线（STP）两大类。双绞线电缆按其内部的线对数又可分为电话电缆（一对、两对）、数据电缆（四对）和大对数电缆（25 对、50 对、100 对）三类。其中，电话电缆主要用于电话线路；数据电缆主要用于计算机线路；大对数电缆主要用于主干线路。

①非屏蔽双绞线电缆（UTP）。非屏蔽双绞线电缆由多对双绞线和一个塑料外皮构成，最常用的 UTP 是 4 线对 8 芯 UTP，部分 UTP 双绞线电缆的资料如图 1—2—2 所示。

**注：**超五类双绞线比五类双绞线多了一条撕裂绳。六类双绞线比五类双绞线中间多了一个骨架，外面多了一层金属屏蔽层。

此外还有非屏蔽大线对电缆，常用的非屏蔽大线对双绞线电缆通常有 25 对、50 对与 100 对几种，如图 1—2—3 所示。三类 25 对非屏蔽双绞线，适用于副主干线路，可传输 25 路视频或其他信号。三类 50 对非屏蔽双绞线，适用于设备间与设备间的主干连接，可传输 50 路视频或其他信号。三类 100 对非屏蔽双绞线，适用于副主干线系统及开放式办公室，可传输 100 路视频或其他信号。五类 25 对非屏蔽双绞线，既适用于主干布线也适用于水平布线，可传输 25 路视频或其他信号。

②屏蔽双绞线电缆（FTP）。屏蔽双绞线电缆的内部（图 1—2—4）与非屏蔽双绞线电缆一样是双绞铜线，外加金属网丝套（接地）或金属箔（屏蔽层）包裹，可具有整体屏蔽层、线对屏蔽层或同时具有这两种屏蔽层。

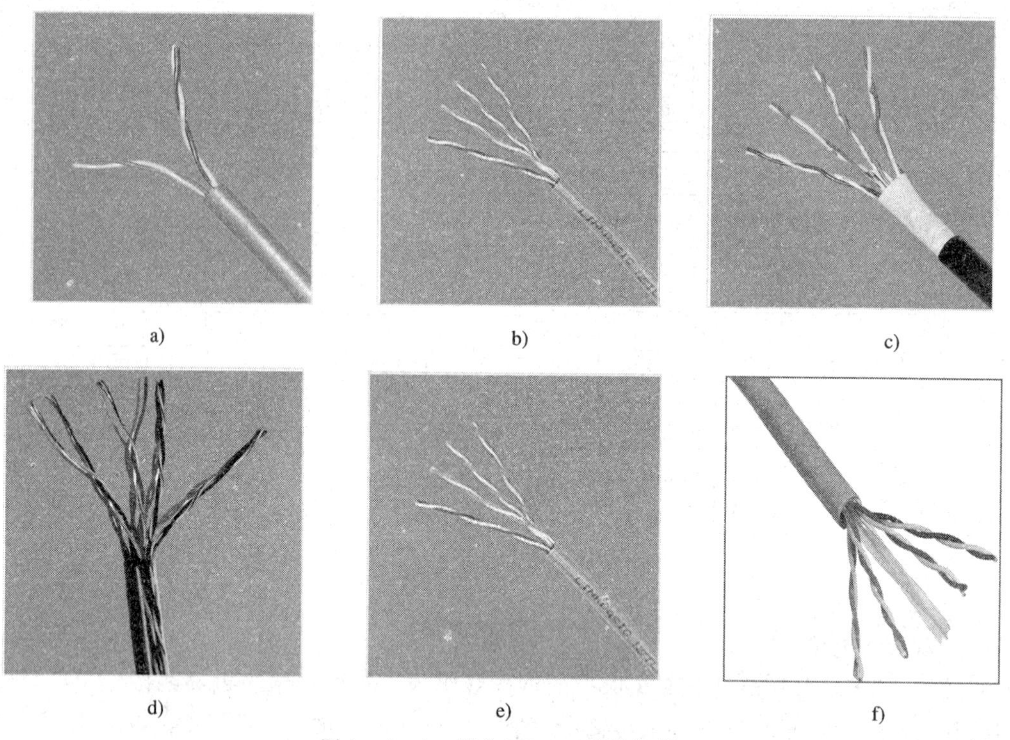

a) b) c)

d) e) f)

图 1—2—2　部分 UTP 双绞线资料

a）三类 2 线对 UTP　b）五类 4 线对 UTP　c）五类 4 线对室外阻水 UTP

d）超五类（5e）4 线对多股 UTP　e）超五类 4 线对 UTP　f）六类 4 线对 UTP

a) b)

c) d)

图 1—2—3　常见的大对数电缆

a）三类 25 对 UTP　b）三类 50 对 UTP　c）三类 100 对 UTP　d）五类 25 对 UTP

3）双绞线电缆的技术参数。对于双绞线，用户所关心的是衰减、近端串扰、特性阻抗、分布电容、直流电阻、电缆特性等。

①衰减。沿链路的信号损失度量。衰减与线缆的长度有关系，随着长度的增加，信号衰减也随之增加。衰减用“db”作单位。

②近端串扰。近端串扰是测量一条 UTP（非屏蔽双绞线）链路中从一线对到另一线对的信号耦合。对于 UTP 链路来说，这是一个关键的性能指标。

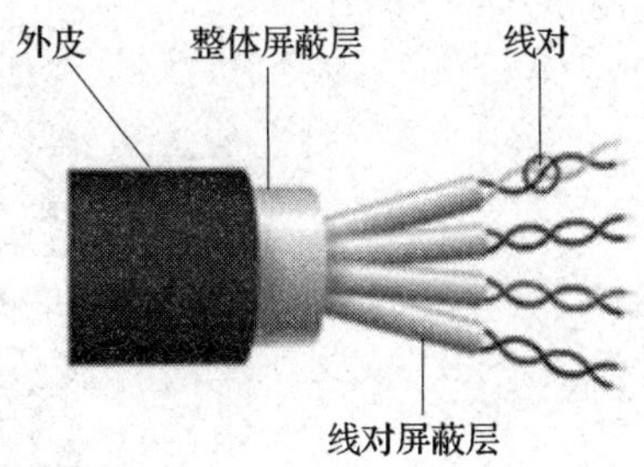


图 1—2—4　屏蔽双绞线电缆

③直流电阻。直流环路电阻会消耗一部分信号并转变成热量，直流电阻不能太大，否则表示接触不良，必须检查连接点。

④衰减串扰比。在某些频率范围，串扰与衰减量的比例关系是反映电缆性能的另一个重要参数。

⑤电缆特性。通信信道的品质是由它的电缆特性——信噪比（SNR）来描述的。SNR 是在考虑到干扰信号的情况下，对数据信号强度的一个度量。如果 SNR 过低，将导致数据信号在被接收时，接收器不能分辨数据信号和噪声信号，最终引起数据错误。因此，为了将数据错误限制在一定范围内，必须定义一个最小的可接收的 SNR。

（2）同轴电缆

同轴电缆的外层导体和内层芯线的圆心在同一个轴心上，所以称为同轴电缆。同轴电缆的外层导体与内层芯线的电气特性不同，故同轴电缆属于非平衡电缆。

1）同轴电缆的结构。同轴电缆由一对导体组成，按“同轴”形式构成线对。同轴电缆最里层是单根铜芯导线，再裹一层绝缘材料，外覆密集金属网状导体（屏蔽层），最外面是一层起保护性作用的塑料外套，如图 1—2—5 所示。

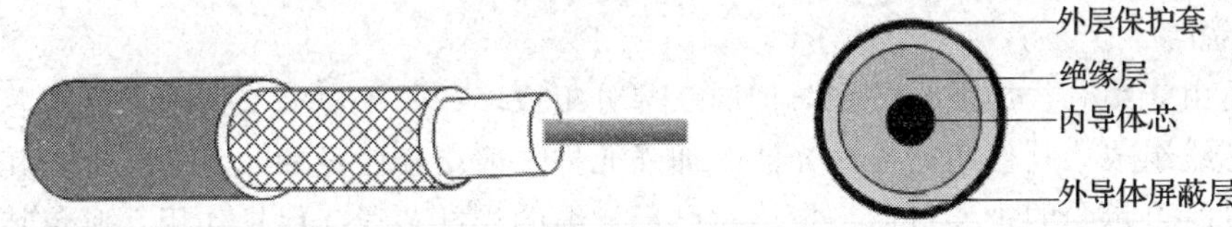


图 1—2—5　同轴电缆的结构

2）同轴电缆的分类。同轴电缆按直径不同分为粗同轴电缆和细同轴电缆两种，如图 1—2—6 所示。粗同轴电缆的直径为 1.02～2.54 cm，细同轴电缆的直径约为 0.64 cm。

①粗同轴电缆。RG—8 或 RG—11，50 欧姆（Ω），粗电缆适用于较大局域网的网络干线，布线距离较长，可靠性较好。

②细同轴电缆。RG—58，50 欧姆（Ω），细电缆一般用于总线型网布线连接。

根据传输频带的不同，可分为基带同轴电缆和宽带同轴电缆。其中，基带同轴电缆（又称为网络同轴电缆）仅用于数字信号的传输，宽带同轴电缆（又称为视频同轴电缆）不但可以传输数字信号，而且可以传输模拟信号。

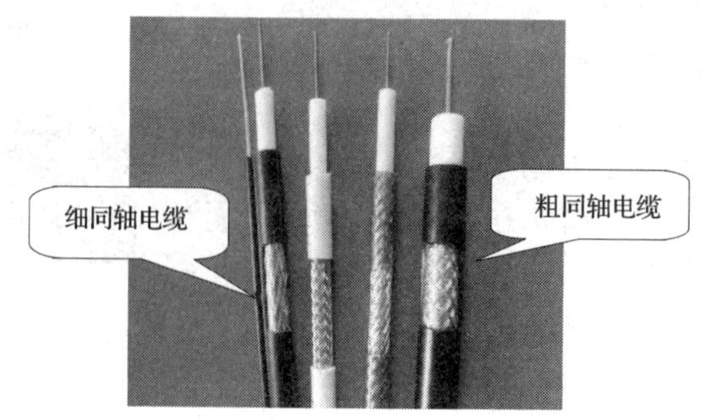


图 1—2—6　各类同轴电缆

3）同轴电缆的技术参数。同轴电缆的技术参数分为电气参数与物理参数两大类。

①电气参数。见表 1—2—1。

表 1—2—1　　同轴电缆电气参数

| 名称 | 内　容 |
| --- | --- |
| 特性阻抗 | 同轴电缆的平均特性阻抗为 50±2 Ω，沿单根同轴电缆的阻抗的周期性变化为正弦波，中心平均值为±3 Ω，其长度小于 2 m |
| 衰减 | 一般指 500 m 长的电缆段的衰减值。当用 10 MHz 的正弦波进行测量时，它的值不超过 8.5 dB/km；而用 5 MHz 的正弦波进行测量时，它的值不超过 6.0 dB/km |
| 传播速度 | 需要的最低传播速度为 0.77C（C 为光速） |
| 直流回路电阻 | 电缆的中心导体的电阻与屏蔽层的电阻之和不超过 10 MΩ/m（在 20℃下测量） |

②物理参数。同轴电缆支持 254 mm（10 in）的弯曲半径。中心导体是直径为 2.17±0.013 mm 的实芯铜线。同轴电缆屏蔽层的内径为 6.15 mm，外径为 8.28 mm。

**2. 光缆**

光缆是由光缆芯、加强元件和防护层三部分组成，如图 1—2—7 所示。光缆芯由单根或多根光纤芯线组成，其作用是传输光波。加强元件一般指金属丝和非金属纤维，其作用是增强光缆敷设时可承受的拉伸负荷。护层对已形成缆的光纤芯线起保护作用，避免其受外力的损伤。

（1）光纤通信的工作原理

光纤通信是以光波为载体、光导纤维为传输介质传输信息的一种通信方式。

发送端：首先要把传送的信息（如语音、数字信号等）变成电信号，然后调制到激光器发出的激光束上，使光的强度随电信号的幅度（频率）变化而变化，再通过光纤发送出去。

接收端：检测器收到光信号后把它变换成电信号，经解调后恢复原信息。

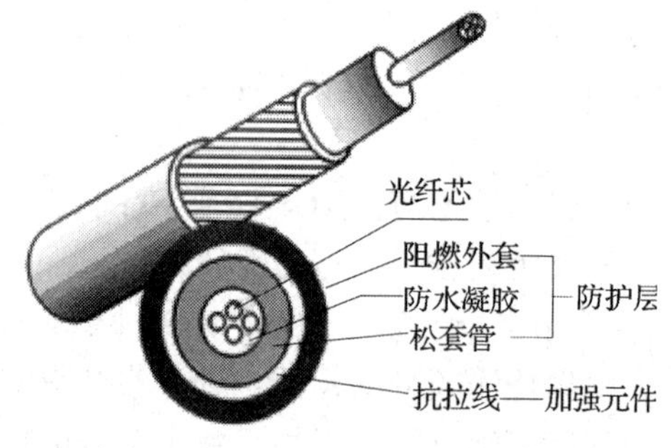


图 1—2—7　光缆的组成

（2）光纤的分类

1）按照制造光纤所用的材料分类。分为石英系光纤、多组分玻璃光纤、塑料包层石英芯光纤、全塑料光纤和氟化物光纤五种。目前通信中普遍使用的是石英系光纤。

2）按光在光纤中的传输模式数分类（图 1—2—8）。

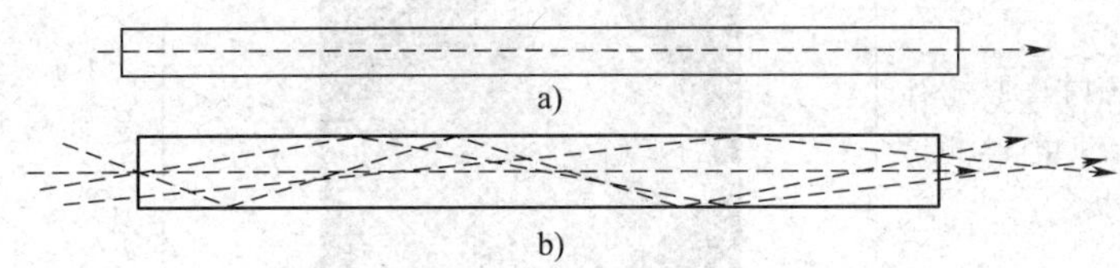


图 1—2—8　单模光纤和多模光纤

a）单模光纤传输图　b）多模光纤传输图

①单模光纤（SM）。光在单模光纤内以单一路径（模式）传输，玻璃芯很细，纤芯直径为 8.3 μm（微米），包层外直径 125 μm（微米），只能传输一种模式的光。模间色散很小，适用于远程通信。

②多模光纤（MM）。多模光纤内光以多路径（模式）传输。玻璃芯较粗，纤芯直径为 50～62.5 μm，包层外直径 125 μm，可传多种模式的光。模间色散较大，传输的距离比较近，一般只有几千米。

3）根据防护层材料分类。分为普通光缆、阻燃光缆和防蚁光缆。

4）根据光缆的敷设方式分类。分为室内光缆、架空光缆、直埋光缆、管道光缆和水底光缆。

（3）光缆的技术参数

1）最大的干线段长度为 185 m。

2）最大网络干线电缆长度为 925 m。

3）每条干线段支持的最大节点数为 30 个。

4）BNC－T 型连接器之间的最小距离为 0.5 m。

## 三、连接硬件

### 1. 电缆连接件

（1）水晶头

1）水晶头的种类。主要有 RJ—45 水晶头和 RJ—11 水晶头两种，见表 1—2—2。

**表 1—2—2**　　**水晶头的种类**

| 水晶头种类 | 含义 | 外形 | 区别 | 适用范围 |
| --- | --- | --- | --- | --- |
| RJ—45 | 计算机网络接驳元件（如计算机网卡接口与网线的端接） | 进线口<br>塑料卡槽<br>8 条金属铜片<br>塑料卡接栓 | 8 个金属铜片 | 计算机、网络 |

续表

| 水晶头种类 | 含义 | 外形 | 区别 | 适用范围 |
|---|---|---|---|---|
| RJ—11 | 电话网接驳元件（如电话机接口与电话线的端接） | 金条金属铜片 | 小于8个金属铜片（2、4、6个） | 电话网 |

2）各类水晶头的作用。RJ—45 水晶头主要用于计算机网络的插接；RJ—11 水晶头主要用于电话网络的插接。

（2）RCA 接头

外形如图 1—2—9 所示，主要用于视频网络或音频网络的插接。

（3）BNC 接头

外形如图 1—2—10 所示，主要用于视频网络的插接。

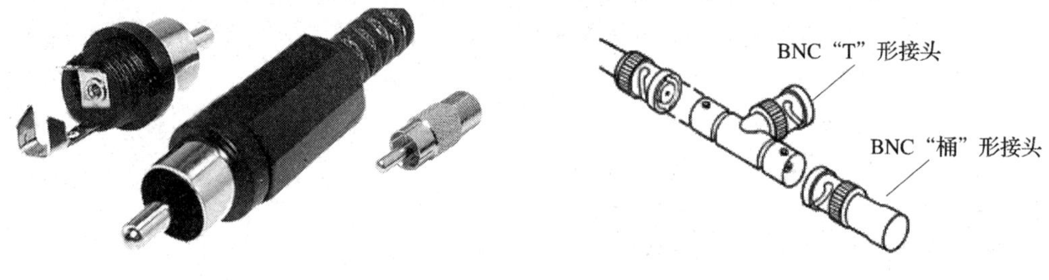


图 1—2—9　RCA 接头　　　　图 1—2—10　BNC 接头

**2. 光缆连接件**

（1）光纤连接器

1）光纤连接器的结构。光纤连接部件（图 1—2—11）是由两个插针和一个耦合管三个部分组成的连接体，在连接体内两个光纤的端面精密地对接起来，使发射光纤输出的光能量能最大限度地耦合到接收光纤中去。

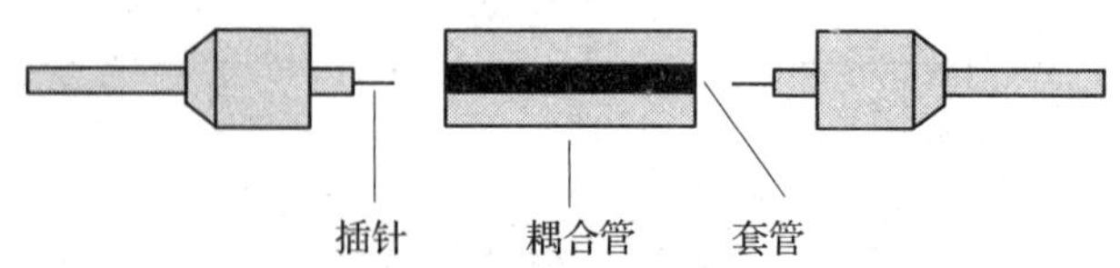


图 1—2—11　光纤连接器

连接体的插针部分就是光纤连接器，耦合管部分是光纤耦合器。

光纤连接器是连接两根光纤或光缆，使其成为光通路且可重复拆卸的活接头。

2）光纤连接器的种类。常用的类型有以下几种：

①FC（圆形带螺纹连接头）型光纤连接器。FC 型光纤连接器最早由日本 NTT 公司研

制，其外部加强方式采用金属套，紧固方式为螺纹，采用旋转插入方式，是一种带定位键、接触型、有抗拉或抗扭转结构的连接器（图 1—2—12），多用于配线架。

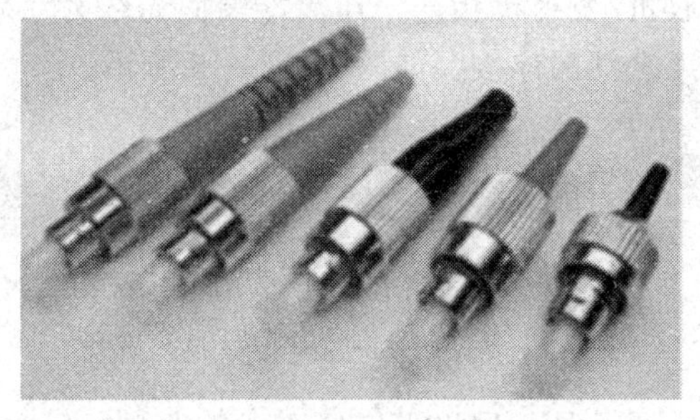

图 1—2—12　FC 型光纤连接器

②ST（圆形卡接式连接头）型光纤连接器。ST 型光纤连接器由一对经精密模压成形的圆锥形的圆筒插头和一个内部装有塑料套筒的耦合组件组成，插头可连接光纤到设备。代表产品是美国贝尔实验室开发研制的 STII 型光纤连接器，如图 1—2—13 所示。

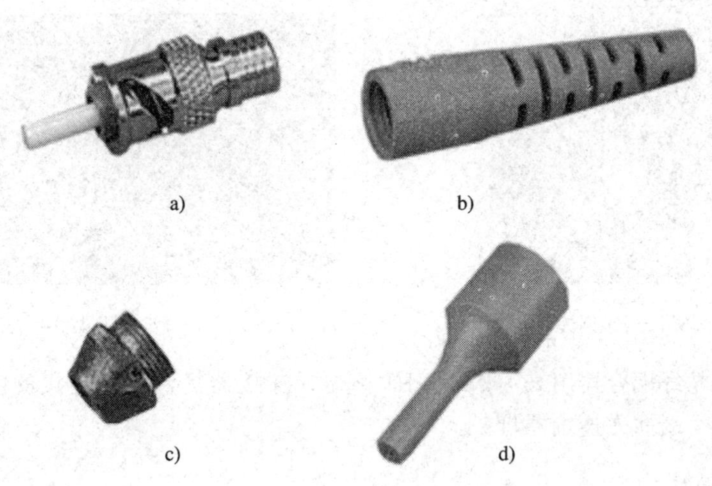

a)　b)　c)　d)

图 1—2—13　STII 型光纤连接器

a）连接器件　b）套管　c）扩展器　d）支撑器

③SC（方形卡接式连接头）型光纤连接器。SC 型光纤连接器由日本的 NTT 公司研制。其外壳为矩形玻璃纤维塑料件；插针由精密陶瓷制成，耦合管为金属开缝套管，尺寸与 FC 型相同；插入方法是“推入/推出”方式；紧固方式采用插拔销闩式；是带定位键、接触型，有抗拉和抗扭转结构的一种连接器（图 1—2—14），多用于路由器和交换机。

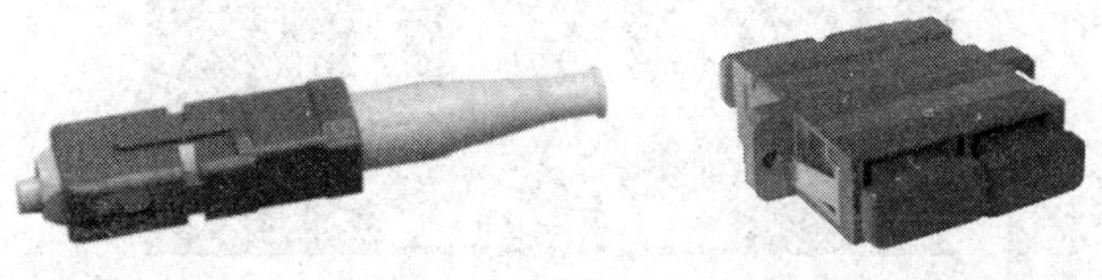

图 1—2—14　SC 型光纤连接器

④MT—RJ（方形收发一体连接头）型光纤连接器。MT—RJ 型光纤连接器来源于 NTT 公司开发的 MT 连接器，其外壳和锁紧机构类似 RJ 型，通过小型套管两侧的导向销对准光纤，为便于与光接收机/发射机相连，连接器端面光纤为双芯（间隔 0.75 mm）排列设计，用于数据传输高密度光纤的连接，如图 1—2—15 所示。

图 1—2—15 MT—RJ 型光纤连接器

（2）光纤耦合器

光纤耦合器也称为分歧器，是一种将光信号由一条光纤中分至多条光纤中的元件，用于电信网络、有线电视网络、区域网等场所。

常用的光纤耦合器有标准耦合器、星型/树型耦合器与波长多工器三种。其中，标准耦合器中 MT—RJ 型（图 1—2—16）及 ST 型（图 1—2—17）比较常用。

图 1—2—16 MT－RJ 型光纤耦合器

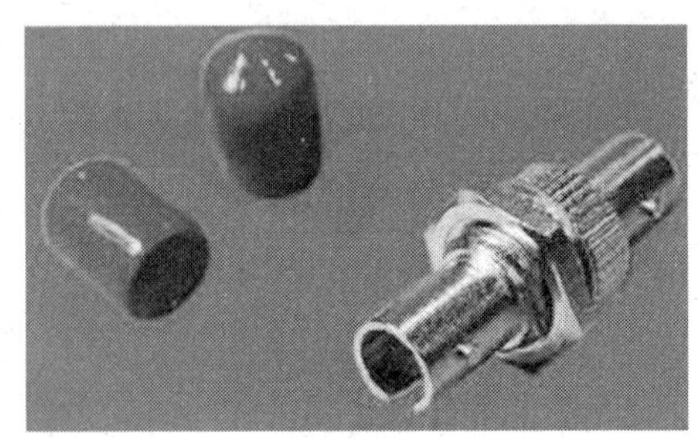

图 1—2—17 ST 型光纤耦合器

MT—RJ 型光纤耦合器用来为 MT—RJ 型光纤连接器提供紧密连接的场所，一端插入连接器公头，另一端插入连接器母头。

## 四、信息模块

信息模块是连接终端设备（如计算机）的出线点，其外形如图 1—2—18 所示。信息模块与面板（图 1—2—19）在一起可以构成各种信息插座。

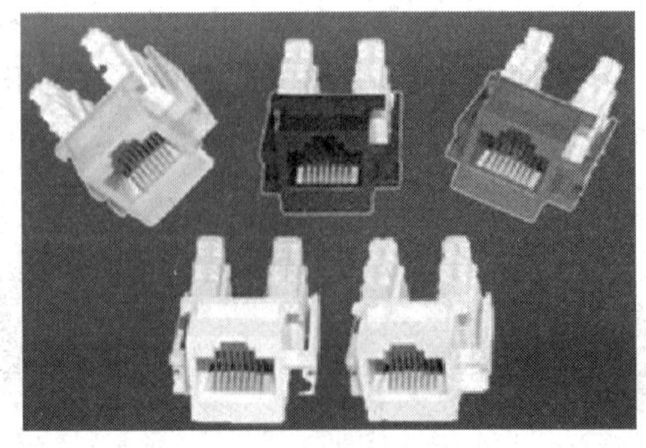

图 1—2—18 信息模块

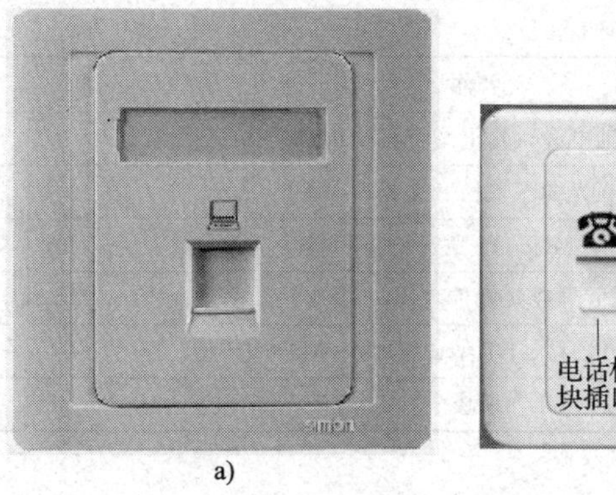


a)　　　　　　　　b)

图 1—2—19　面板

a）单信息模块面板　b）双信息模块面板

## 五、各种连接硬件与线缆的对应关系

不同的连接硬件要和不同的线缆配合使用，如 RJ—45 型水晶头和 4 对双绞线电缆配合制成数据跳线，主要用于计算机网络。其他对应关系如图 1—2—20 所示。

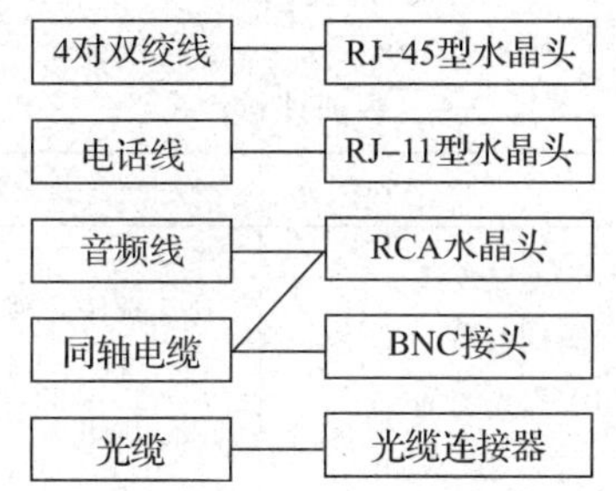


图 1—2—20　线缆与连接硬件之间对应关系

## 一、实训目的

1. 了解线缆的分类与作用。
2. 会为各种线缆选择相应的硬件连接器。
3. 会识别双绞线、同轴电缆和光缆的种类。

## 二、实训器材（见表 1—2—3）

**表 1—2—3**　　**实训器材**

| 序号 | 名称 | 数量 |
|---|---|---|
| 1 | 双绞线（五类、超五类、六类） | 每类 5 m |
| 2 | 大对数双绞线（25 对、50 对） | 每类 1 m |

续表

| 序号 | 名称 | 数量 |
| --- | --- | --- |
| 3 | 同轴电缆（粗电缆、细电缆） | 每类 5 m |
| 4 | 光缆（单模、多模） | 每类 2 m |
| 5 | 水晶头（RJ—45 型、RJ—11 型） | 每样 5 个 |
| 6 | 视频信号连接硬件（BNC 接头） | 4 个 |
| 7 | 光纤连接器（FC 型、ST 型、SC 型、MT—RJ 型） | 每样 1 个 |
| 8 | 模块 | 5 个 |

## 三、实训内容

1. 识别各类双绞线、同轴电缆与光缆的种类。
2. 识别各种连接硬件的种类。
3. 说明各类线缆与连接硬件之间的对应关系。

## 四、评分标准（表 1—2—4）

**表 1—2—4　　实训评价**

| 内容 | 要求 | 配分 | 评分标准 | 扣分 | 得分 |
| --- | --- | --- | --- | --- | --- |
| 正确说出各种电缆的名称 | 1. 分清五类、超五类与六类双绞线<br>2. 分清粗同轴电缆与细同轴电缆<br>3. 正确指出单模光缆与多模光缆的适用场所 | 50 | 1. 选错一种双绞线扣 10 分<br>2. 选错一种同轴电缆扣 10 分<br>3. 应用场所回答不正确扣 5 分 | | |
| 指出各种连接硬件与各种线缆之间的对应关系 | 1. 分别为 4 对双绞线、电话线、有线电视、视频监控（同轴电缆）、会议系统、公共音箱系统（音频信号线）选择连接硬件<br>2. 为光缆选择连接硬件 | 40 | 选错一个连接硬件扣 10 分 | | |
| 评测 | 由教师完成 | 10 | 未按安全生产标准操作扣 10 分 | | |

# 课题三　工作区子系统、水平子系统与垂直子系统

1. 掌握工作区子系统、水平子系统和垂直子系统的概念与组成。
2. 掌握安装插座（信息模块）。

3. 了解水平子系统和垂直子系统布线的基本要求及其设计的步骤、方法和内容。

## 一、工作区子系统

### 1. 工作区子系统的概念与组成

工作区子系统又称为用户子系统或服务区子系统，是整个综合布线系统的末端，是进入用户室内的一部分。

工作区子系统是指从信息插座或模块延伸到终端设备的整个区域。其中，常用的终端设备有电话机、数据终端、计算机、电视机、监视器以及传感器等，如图 1—3—1 所示。

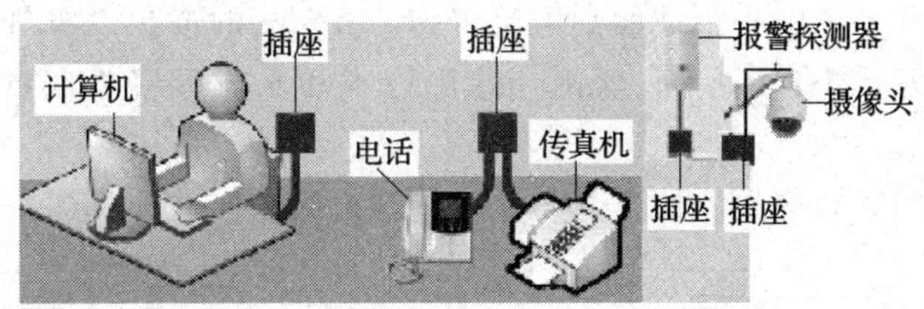


图 1—3—1　工作区子系统的组成图

工作区子系统由信息插座或模块、信息通道（包括网卡与信息跳线）与终端设备三个部分组成，如图 1—3—2 所示。

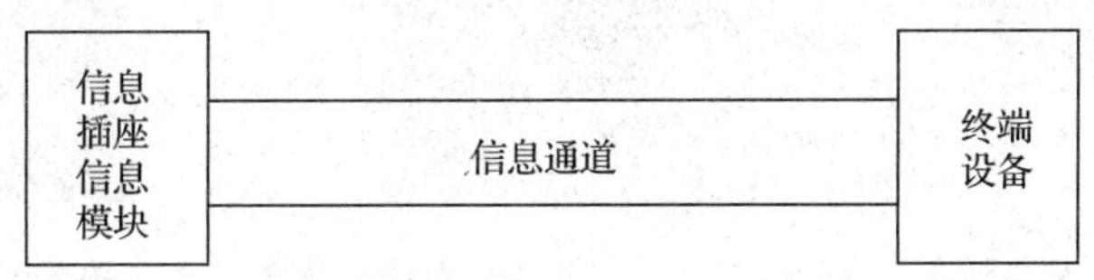


图 1—3—2　工作区子系统组成示意框图

### 2. 插座的安装

（1）插座简介

常见的几种插座，如图 1—3—3、图 1—3—4 和图 1—3—5 所示。

图 1—3—3　普通插座

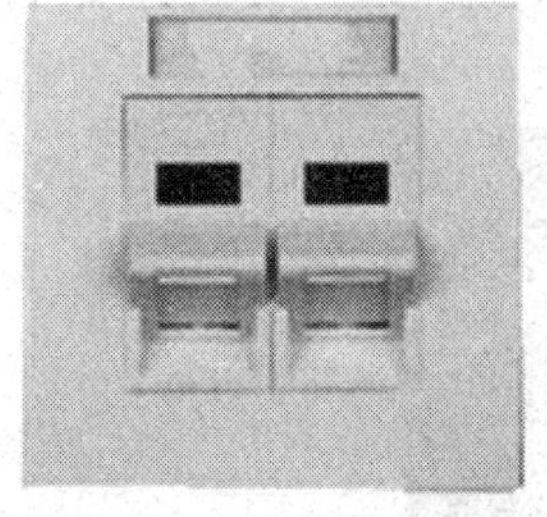

图 1—3—4　防水插座

图 1—3—5　地面暗装式插座

插座可分为面板与底盒两部分，其中，底座又可分为明装底盒（图 1—3—6）与暗装底盒，明装底盒通常用高强度塑料制成，而暗装底盒有塑料材料制成的（图 1—3—7）也有金属材料制成的（图 1—3—8）。

图 1—3—6　明装底盒

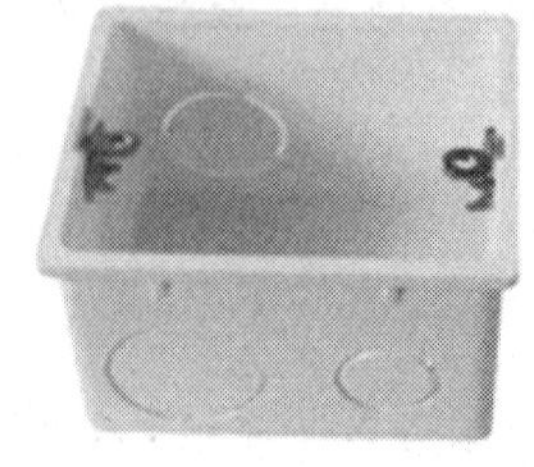

图 1—3—7　暗装塑料底盒

图 1—3—8　暗装金属底盒

(2) 底盒的安装

以下主要介绍暗装底盒的安装。

1) 首先在墙面开一个中心距地面高度至少为 300 mm 的方孔，如图 1—3—9 所示。

2) 将预先敷设好的电缆穿入底盒内，并用钉子和水泥砂浆将底盒固定在墙内，如图 1—3—10 所示。

3) 如无电缆预埋时，应在墙面上开布线槽、敷设线管布线，如图 1—3—11 所示。

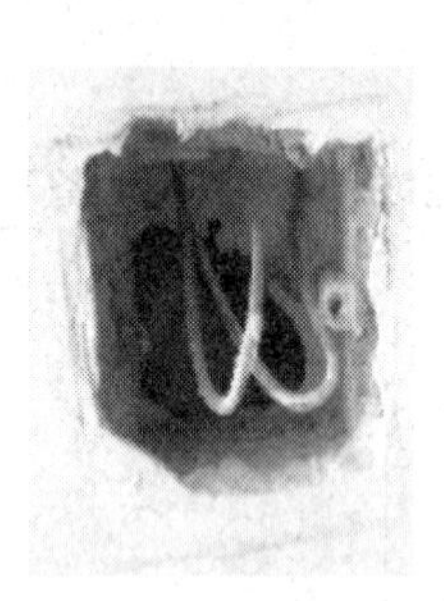

图 1—3—9　在墙面开安装孔

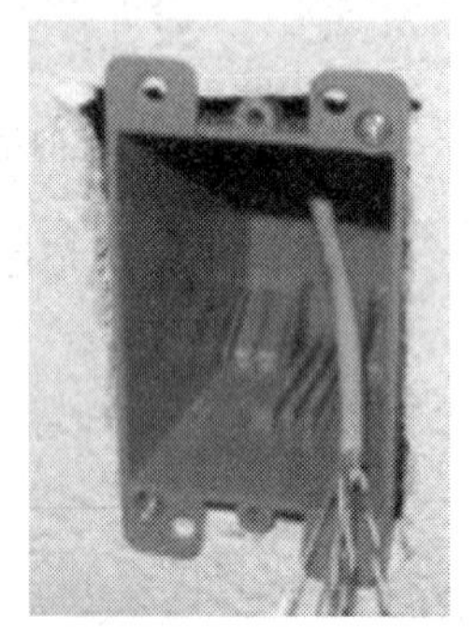

图 1—3—10　将底盒固定在墙内

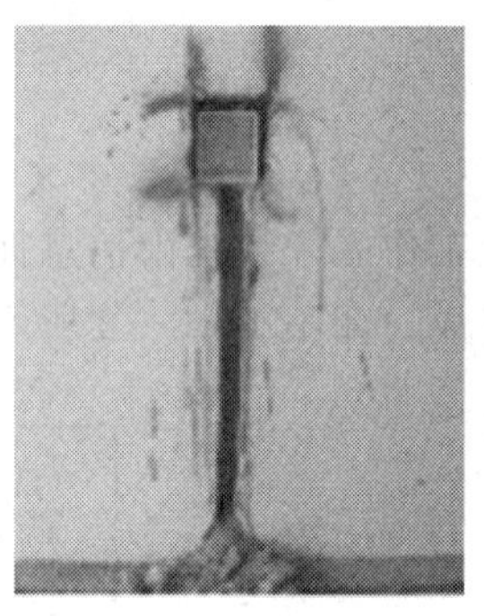

图 1—3—11　开布线槽

(3) 面板的安装

1) 先将模块安装在面板上，如图 1—3—12 所示。

2) 如果使用的是双口面板，网络模块一般放在左面，电话模块放在右面，如图 1—3—13 所示。

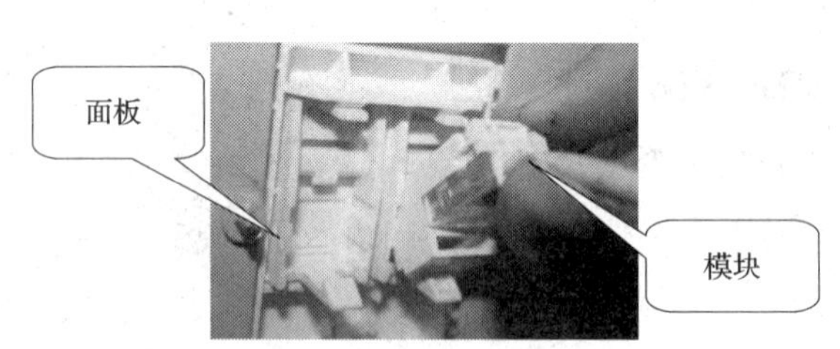


图 1—3—12　安装模块

图 1—3—13　双口插座

(4) 安装要求

1) 底盒与模块的安装标准。GB 50311—2007《综合布线系统工程设计规范》是安装的主要标准。

①安装在地面上的插座应满足防水与抗压要求。

②安装在墙面（柱子）上的插座底部离地面高度应为 300 mm 以上。

③每个工作区至少应配置一个电源，且保护接地与零线应严格分开。

2）信息点安装位置选择方式

①一些不需要进行二次区域分割的工作区（如教学楼、学生公寓、实验楼、住宅楼），信息点应设置在终端设备位置或者附近的非承重墙上。

②一些需要进行二次区域分割的工作区（如写字楼、商业楼、大厅），信息点可设置在墙面、立柱或地面上。

③信息点密集区域，可在隔墙两面对称设置。

## 二、水平子系统

### 1. 水平子系统的概念与组成

水平子系统是指从楼层配线间（即管理间，管理间是建筑物的楼层中的一个房间，房间内有配线柜与配线箱）到用户子系统的信息通道。它主要由电缆、连接硬件（包括信息插座、插头、配线架、跳线架等）和跳线线缆及附件等部分组成，是信息传输的重要通道。

水平子系统的特点是：水平子系统在一个楼层上敷设，即水平子系统的主体部分电缆线总是平行于建筑物的地面。此外，水平子系统的最大水平距离为 90 m。

水平子系统如图 1—3—14、图 1—3—15 和图 1—3—16 所示。

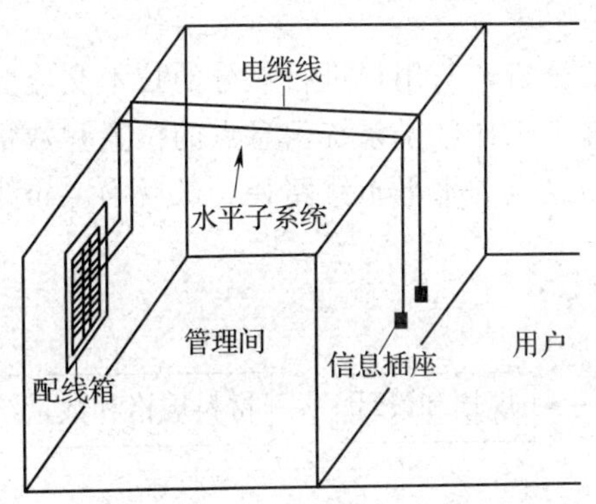


图 1—3—14　水平子系统组成结构图

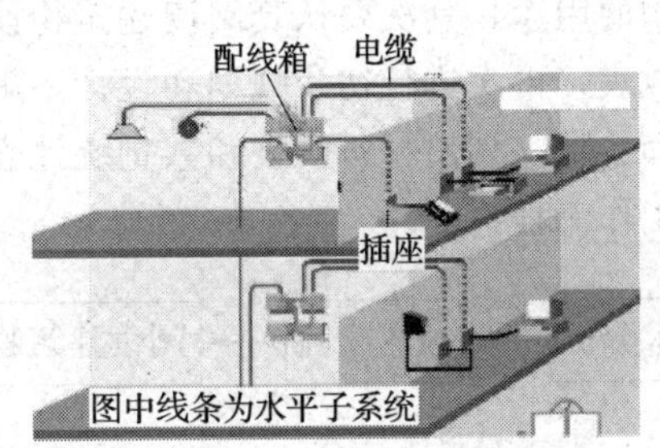


图 1—3—15　水平子系统实物示意图

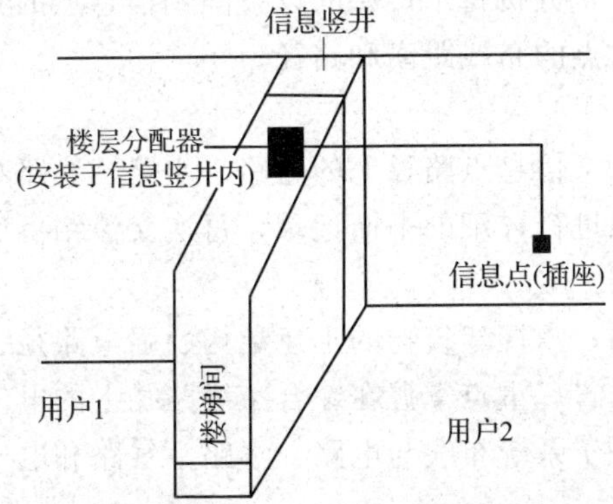


图 1—3—16　可省略管理间（简易）的水平子系统结构图

**2. 水平子系统布线的基本要求**

（1）基本要求

1）水平布线应采用星型拓扑结构，每个工作区的信息插座都要和管理间相连。

2）每个工作区一般需要提供语音和数据两种类型的信息插座。

（2）注意事项

1）信息点用的插座面板应为国际标准面板。

2）水平布线子系统的电缆可用暗管埋在墙内；也可以吊顶安装；还可以采用布置地毯下或埋于地槽内安装等方式。

3）与电缆连接的信息模块应为标准的 RJ－45 型插座。与光缆连接的信息模块分为两种：多模光纤插座采用 SC 接插形式，单模光纤插座采用 FC 插接形式。信息插座应在内部做固定连接，不能空线、空脚。要求屏蔽的场合，插座须有屏蔽措施。

4）在确定信息点数及位置时，应考虑终端设备将来可能产生的移动、修改、重新安排，以便于选定一次性建设和分期建设的方案。

5）配线电缆宜采用非屏蔽双绞线（八根芯线），语音接口和数据接口采用五类、超五类或六类双绞线，以增强系统的灵活性。对于高速率应用场合，宜采用多模或单模光纤，每个信息点的光纤宜为四芯。

6）当工作区为开放式大密度办公环境时，宜采用区域式布线方法，即用大对数电缆将信号引入工作区，然后，再根据实际情况采用合适的布线方法。

**3. 水平子系统的设计**

水平子系统设计的步骤一般为：首先进行需求分析，与用户进行充分的技术交流并了解建筑物的用途，其次要认真阅读建筑物设计图，确定工作区子系统信息点的位置和数量，完成点数表，再次进行初步规划和设计，确定每个信息点的水平布线路径，最后确定布线材料规格和数量，列出材料规格和数量统计表。

工作流程：

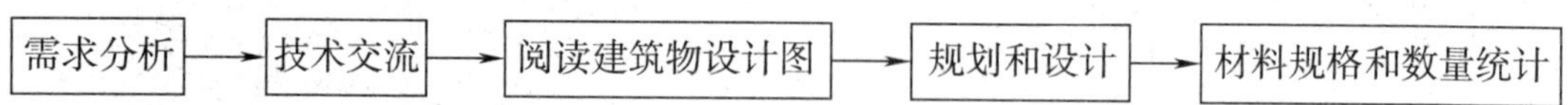


（1）需求分析

需求分析首先对工作区进行分析，明确信息点的类型与数量。

其次按照楼层进行分析，分析每个楼层的设备间到信息点的布线距离、布线路径，逐个明确和确认每个工作区信息点的布线距离和路径。

（2）技术交流

技术交流重点是了解每个信息点路径上的电路、水路、气路和电气设备的安装位置等详细信息。在交流过程中必须进行详细的书面记录，每次交流结束后要及时整理书面记录。

（3）阅读建筑物设计图

通过阅读建筑物设计图，掌握建筑物的土建结构、强电路径、弱电路径，特别是主要电气设备和电源插座的安装位置，重点掌握在综合布线路径上的电气设备、电源插座、暗埋管线等。以便于正确处理水平子系统布线与电路、水路、气路和电气设备的直接交叉或者路径冲突问题。

（4）规划和设计

注意事项：配线子系统信道的最大长度应不大于 100 m。其中水平缆线长度不大于 90 m，工作区一端设备连接跳线长度应不大于 5 m，设备间（电信间）一端的跳线长度应不大于 5 m，如果两端跳线的长度之和大于 10 m 时，水平缆线长度（90 m）应适当减少，保证配线子系统信道最大长度应不大于 100 m。

## 组建局域网的方法

局域网是在一定区域内将终端设备（含计算机）和各种外围通信设备互连在一起的通信网络，从协议层次的观点看，它包含着物理层、数据链路层和网络层这三层的功能。

网络拓扑结构是指用传输媒体互连各种设备的物理布局（即物理层），也就是用什么方式把网络中的终端设备连接起来。常用的网络拓扑结构有星型结构、环型结构、总线型结构、分布式结构、树型结构、网状结构与蜂窝状结构等。

一、星型结构

星型拓扑结构是用一个节点作为中心节点，其他节点直接与中心节点相连构成的网络，如图 1—3—17、图 1—3—18 和图 1—3—19 所示。

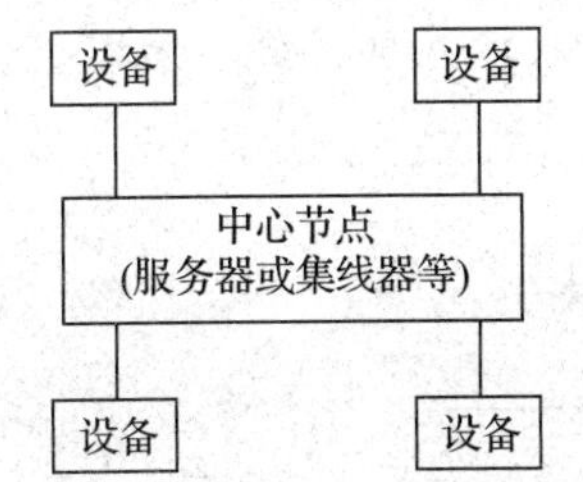


图 1—3—17　星型结构原理框图

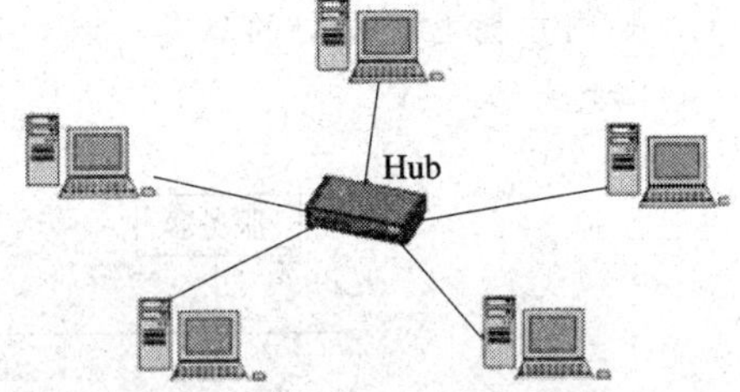


图 1—3—18　星型结构实物连接示意图

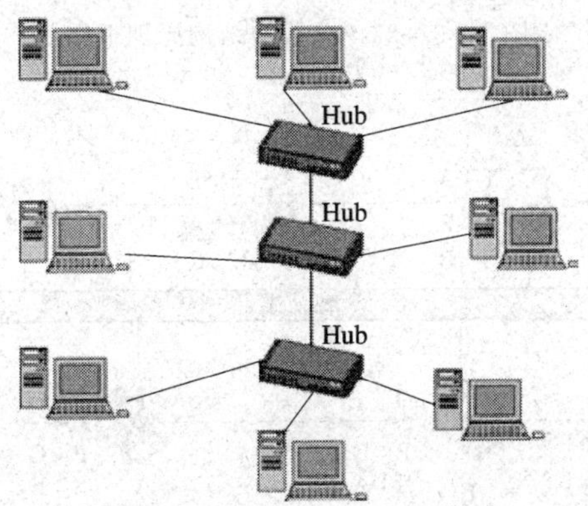


图 1—3—19　拓展星型结构实物连接示意图

二、环型结构（手拉手结构）

环型结构由网络中若干节点通过点到点的链路首尾相连形成一个闭合的环，这种结构使公共传输电缆组成环形连接，数据在环路中沿着一个方向在各个节点间传输，信息从一个节点传到另一个节点。这种结构的网络形式主要应用于令牌网中。如图1—3—20、图1—3—21所示。

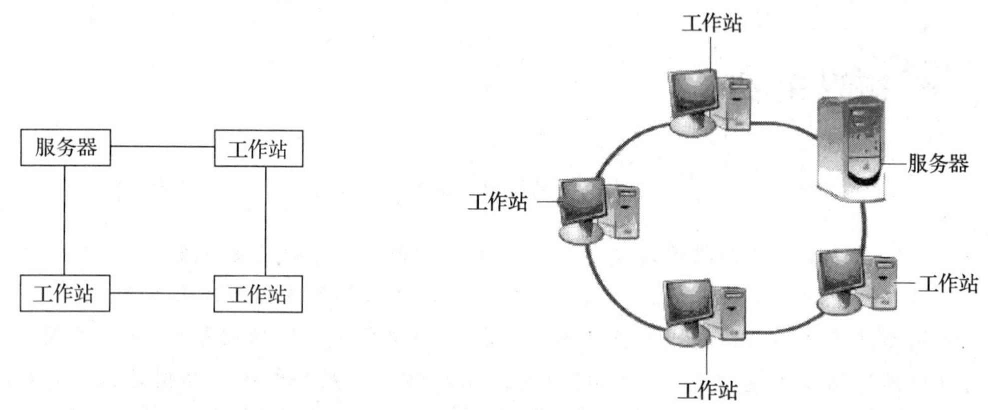


图1—3—20　环型结构原理框图　　图1—3—21　环型结构实物连接示意图

三、总线型结构

总线型结构是指各工作站和服务器均挂在一条总线上，各工作站地位平等，无中心节点控制，公用总线上的信息多以基带形式串行传递，其传递方向总是从发送信息的节点开始向两端扩散，如同广播电台发射的信息一样，因此又称为广播式计算机网络。如图1—3—22、图1—3—23所示。

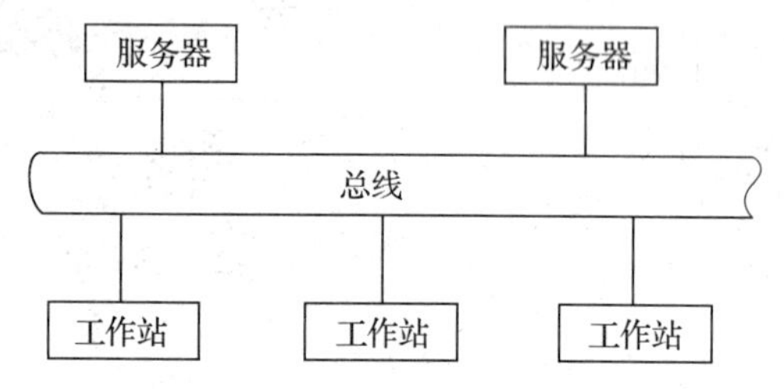


图1—3—22　总线型结构原理框图

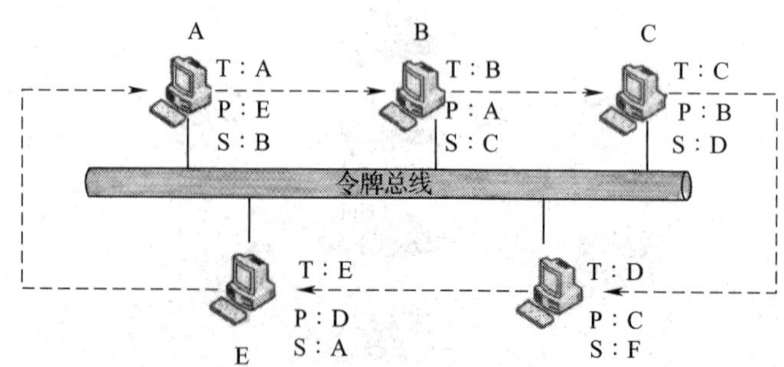


图1—3—23　总线型结构实物连接示意图

四、树型结构

树型结构是分级的集中控制式网络，与星型相比，它的通信线路总长度短，成本较低，节点易于扩充，寻找路径比较方便，但除了叶节点及与其相连的线路外，任意一个节点或与其相连的线路故障都会使系统受到影响，如图 1—3—24 所示。

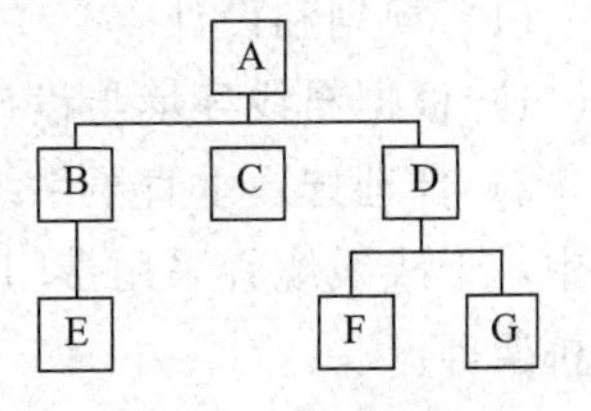


图 1—3—24　树型结构拓扑图

## 三、垂直子系统

### 1. 垂直子系统的概念与组成

垂直子系统的主体部分与建筑物地面垂直故而得名，它主要安装于建筑物的信息竖井内。

垂直子系统又称为干线子系统，主要由电缆、光缆与支撑硬件组合而成。它负责将管理间子系统与设备间子系统连接起来，实现主配线架与中间配线架，计算机、PBX、控制中心与各管理子系统间的连接，如图 1—3—25、图 1—3—26 所示。垂直子系统包括设备间与计算机的连接电缆，信息竖井内的电缆及与管理间连接的横向电缆，设备间与外界相连的电缆或光缆几部分。

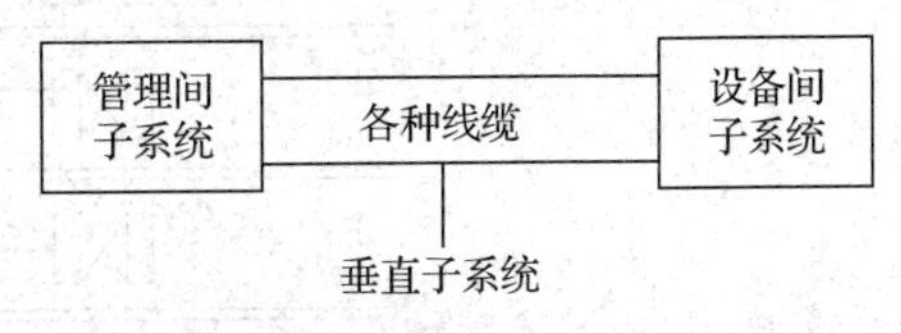


图 1—3—25　垂直子系统结构框图

垂直子系统的拓扑结构属于星型结构。

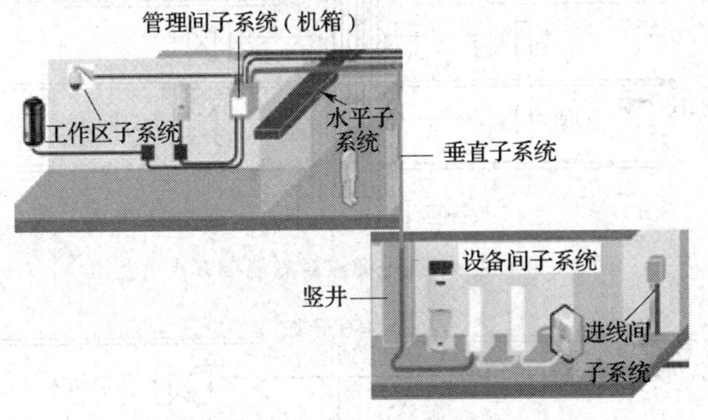


图 1—3—26　垂直子系统实物示意图

### 2. 垂直子系统布线的基本要求

（1）计算机网络的干线电缆采用 4 对双绞线电缆或 25 对大对数电缆或光缆；电话语音系统的主干电缆采用 3 类大对数双绞线电缆；有线电视系统的主干电缆采用 75 Ω 的同轴电缆。

（2）线缆不得布放在有供水、供气、供暖管道的竖井中或电梯间；线缆也不能布放在强电竖井中。

（3）管理间、设备间与进线间之间应有干线连通。

### 3. 垂直子系统的设计

设计流程与水平子系统设计流程一样：

（1）规划和设计

1）根据布线环境与设计等级来选择计算机网络用线缆类型，即电（铜）缆或光缆。

2）合理选择垂直子系统的安装路径。建筑物内上下连通的通道有封闭型与开放型两种，其中，干线线缆宜采用带门的封闭型通道敷设，常用的有电缆竖井、电缆孔、电缆管道、电缆桥架等。

3）电话语音系统在总需求线对的基础上至少预留 10％的备用线对。

4）计算机网络用光缆做主干线时，每个群网络或每 4 个网络设备应考虑 1 个备份端口。

（2）常用端接方式

所谓端接是指如何将管理间子系统与设备间子系统连接起来。按照有无二次交接可以将垂直（干线）子系统分为点对点端接与分支接合两种方式，如图 1—3—27、图 1—3—28 所示。

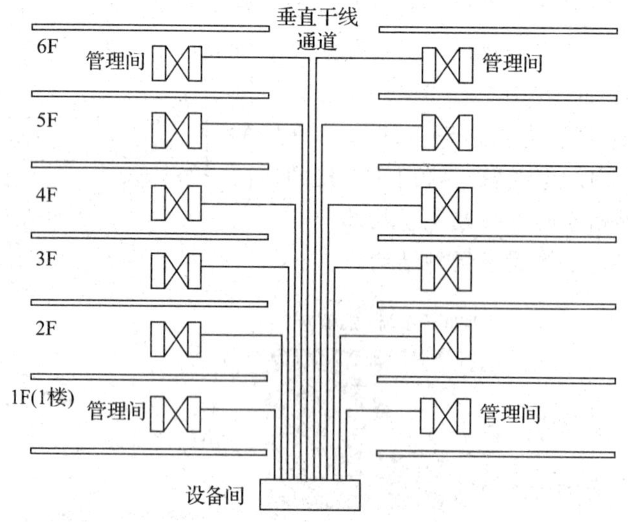


图 1—3—27　干线电缆点对点端接方式示意图

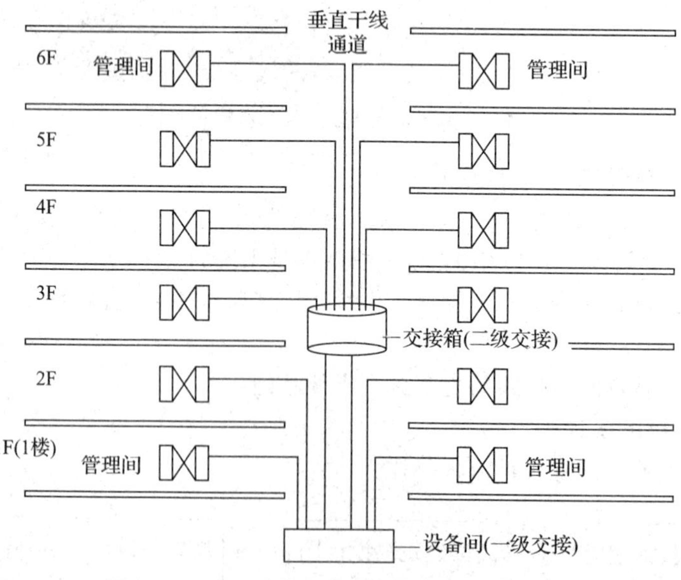


图 1—3—28　干线电缆分支接合方式示意图

知识拓展

## 电气竖井简介

电气竖井就是高层或多层建筑物内的一个贯穿上下的电气通道，电气竖井内安装的是垂直子系统的干线电缆。按照竖井中电缆电压等级的不同，又可以将电气竖井分为强电竖井和弱电竖井，也可以强电、弱电同竖井布设。如图1—3—29所示。

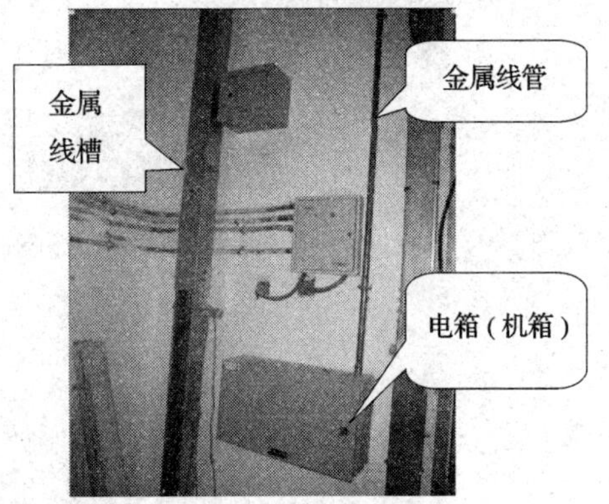


图1—3—29　电气竖井的布线

一、电气竖井安装要求

电气竖井内敷设的电气线路有强电、弱电与防雷的引下线等几个部分。其中，强电线路主要包括动力线路、照明线路与消防设备的控制线路。弱电线路包括电缆电视系统线路、有线电视系统线路、电信系统线路、消防报警控制系统线路、门禁与对讲系统线路、监控系统线路和计算机网络线缆等。

电气竖井位置选择应满足下列要求：

1. 应尽量靠近用电负荷中心。
2. 不应和电梯井、管道井共用一个竖井。
3. 尽量远离烟道、热力管道和潮湿的环境。
4. 竖井内要安装单相三孔插座与照明设备（白炽灯）。

二、电气线路安装要求

1. 强电线路与弱电线路应分井敷设。如因为条件限制，必须同井敷设时，一定要将强电线路与弱电线路分别敷设在竖井的两端，中间用屏蔽隔开。
2. 竖井内的线路可采用金属线管、金属线槽、电缆桥架与封闭式母线等方式布线。

三、电缆支架安装要求

1. 金属线管、金属线槽与电缆支架必须可靠接地。
2. 电缆支架最上层离竖井的顶部或楼板的距离应不小于200 mm；电缆支架最下层离沟底或地面的距离应不小于100 mm。
3. 电缆排列要整齐，尽量减少交叉。
4. 支架与预埋件焊接连接时，焊缝要饱满；用螺栓连接时，连接要紧固可靠。

## 模块和配线架的端接

一、模块的端接

1. 用专用的剥线工具将五类双绞线的护套层剥去，注意：剥线时不能损伤双绞线的芯线，如图1—3—30、图1—3—31所示。
2. 按照颜色拆开线对，如图1—3—32所示。

3. 从插座上取下信息模块，并按照要求将线芯分别放在模块的卡槽上，如图 1—3—33 所示。

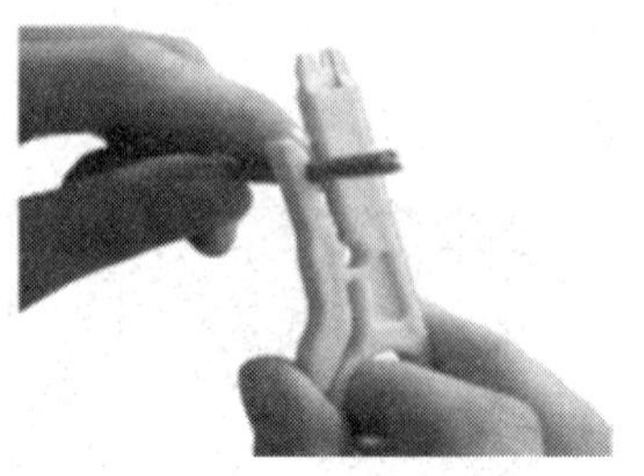

图 1—3—30　将剥线器套在双绞线上并旋转两圈

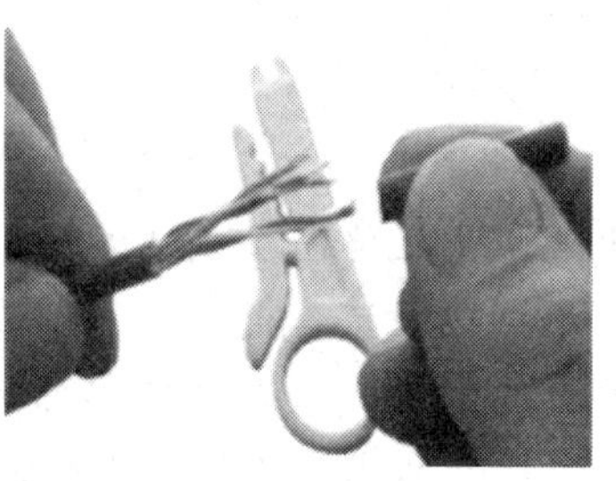

图 1—3—31　将护套层取下

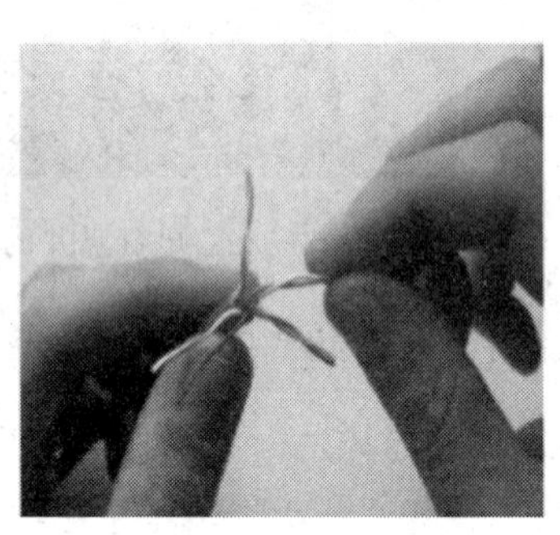

图 1—3—32　拆开线对

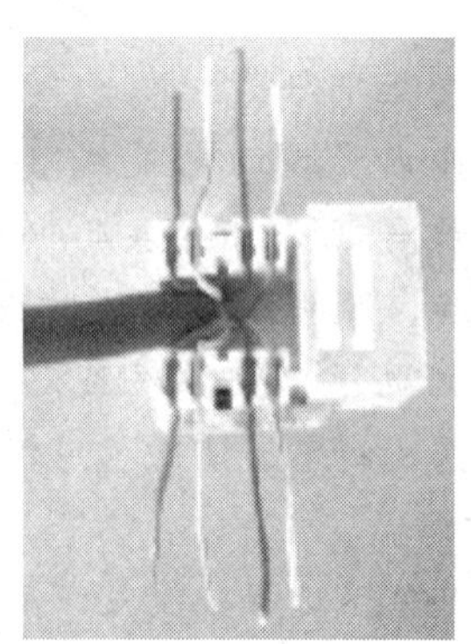

图 1—3—33　放线

4. 利用打线工具进行打线操作：将打线工具垂直置于模块的卡槽上，然后，用力向下压，当听到“咔”的一声，表明已将线芯打入卡槽内。注意：手拿打线工具的方向（有刀刃的一端朝外）要正确，否则会打断线芯，如图 1—3—34 所示。

5. 将打好线的信息模块（图 1—3—35）装在插座的面板上。

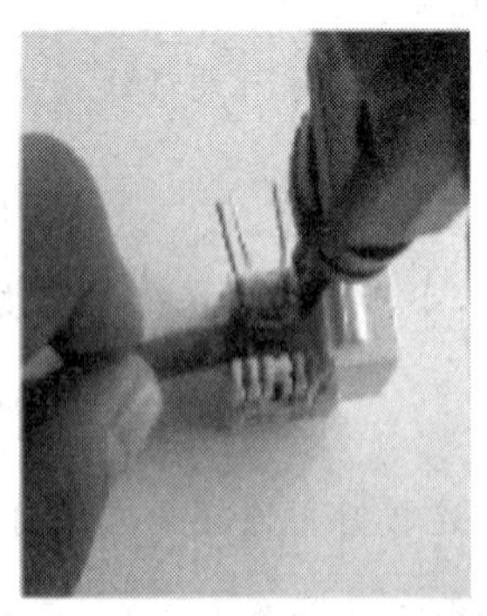

图 1—3—34　打线

图 1—3—35　制作完成的模块

二、配线架的端接

配线架的打线步骤与模块的打线步骤基本一致，这里不再赘述。

打线原理：将芯线放置在卡槽上，用打线工具用力向下压，一方面芯线被打压进入到两刀片之间，刀片划破芯线绝缘层实现连接；另一方面打线工具将多余的线头切去，如图1—3—36、图1—3—37所示。

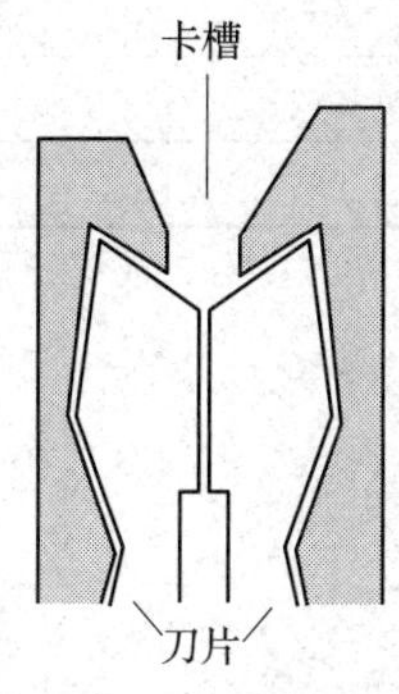


图1—3—36　未打线时卡槽示意图

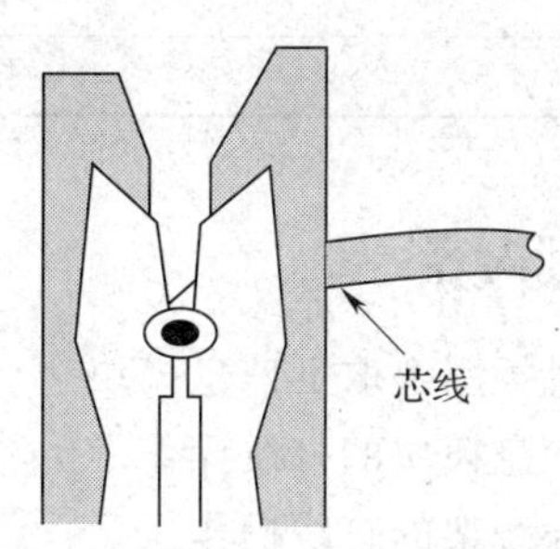


图1—3—37　打线后芯线与卡槽连接示意图

配线架打线操作如图1—3—38所示。

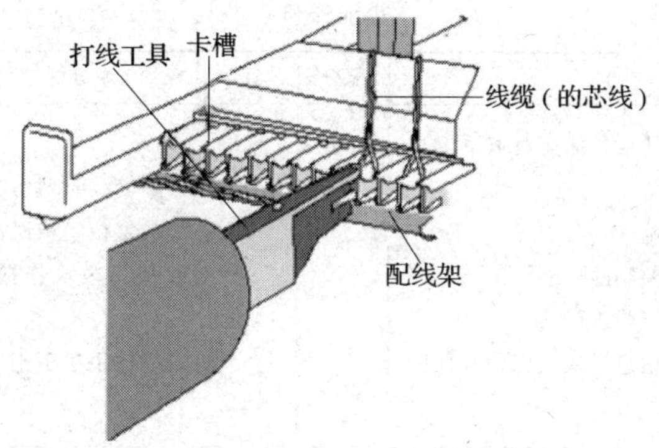


图1—3—38　配线架打线操作示意图

## 一、实训目的

1. 掌握模块的端接。
2. 掌握配线架的端接。

## 二、实训器材（表1—3—1）

**表1—3—1**　　**实训器材**

| 序号 | 名称 | 数量 |
|---|---|---|
| 1 | 双绞线（五类、超五类、六类） | 每类5 m |
| 2 | 大对数双绞线（25对） | 每类1 m |

续表

| 序号 | 名称 | 数量 |
| --- | --- | --- |
| 3 | 配线架、110 配线架 | 各 1 个 |
| 4 | 信息插座 | 2 个 |
| 5 | 打线工具 | 1 个 |

## 三、实训内容

1. 从信息插座上取下信息模块。
2. 进行信息模块的打线操作。
3. 进行配线架的打线操作。

## 四、评分标准（表 1—3—2）

**表 1—3—2　　实训评价**

| 内容 | 要求 | 配分 | 评分标准 | 扣分 | 得分 |
| --- | --- | --- | --- | --- | --- |
| 模块（插座）的打线操作 | 1. 能快速地从信息插座上取下信息模块<br>2. 线序要正确<br>3. 打线连接要牢固可靠<br>4. 打线操作步骤正确<br>5. 能快速将信息模块装回信息插座面板上 | 40 | 1. 剥去护套线时划伤芯线扣 20 分<br>2. 芯线放置位置错误每条扣 10 分<br>3. 双绞线与模块连接不良每条扣 10 分<br>4. 打线操作手法不正确扣 10 分 | | |
| 配线架的打线操作 | 1. 线序要正确<br>2. 打线连接要牢固可靠<br>3. 打线操作步骤正确 | 50 | 1. 相序放置不正确每处扣 10 分<br>2. 打线时，打线工具与配线架不垂直每次扣 5 分<br>3. 打坏刀口或接触不良每处扣 10 分 | | |
| 评测 | 由教师完成 | 10 | 未按安全生产标准操作的扣 10 分 | | |

# 课题四　管理（间）子系统与设备（间）子系统

1. 了解管理（间）子系统、设备（间）子系统的基本概念与组成；会管理（间）子系统标签的编制；掌握机柜的安装方法；掌握配线架的安装方法。

2. 了解设备间子系统的结构与组成；掌握交换机的安装知识；能安装设备间的防雷器；会使用设备间的防静电设施。

## 一、管理（间）子系统

### 1. 管理（间）子系统概述

管理（间）子系统又称为管理子系统，根据服务的区域的大小，有时使用的设备会占用一间 5 $m^2$ 以上的房间（称为管理间），有时使用的设备只需要一只机箱或机柜。

管理子系统是垂直子系统与各楼层水平子系统连接的节点。它主要由机箱或机柜、配线架、交换机、电源及跳线等组成，如图 1—4—1、图 1—4—2 所示。

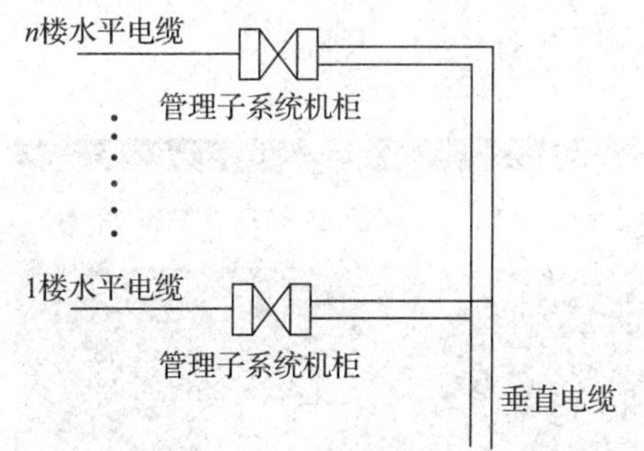


图 1—4—1　管理子系统的结构框图

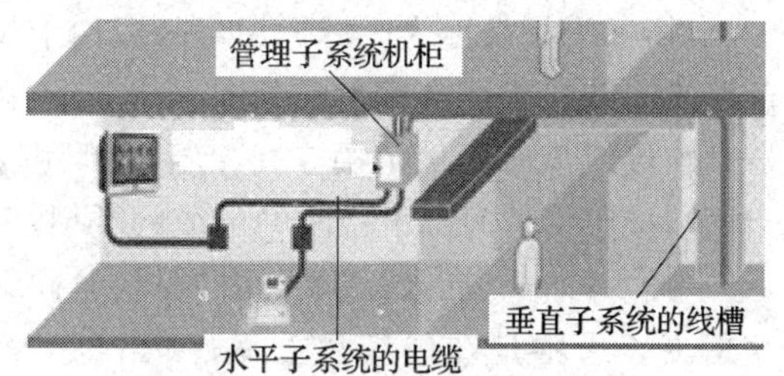


图 1—4—2　管理子系统位置示意图

### 2. 管理子系统的标签编制

管理间设备繁多、电路复杂，这给安装与维护带来不小的麻烦。为了安装与维护方便，需要在进入管理间的线缆和交接端口上进行标识（在进线间、设备间等子系统中也会遇到标识问题）。

（1）标识的基本要求

1）所有用于标识的标签应保持清晰、完整，并满足使用环境要求。

2）按照配线设备不同，可用不同色标将区域分开，见表 1—4—1。

表 1—4—1　　设备间色标规定

| 颜色 | 所标识的连接线路范围 |
|---|---|
| 蓝 | 设备间至工作区或用户终端电路 |
| 橙 | 网络接口、多路复用器引来的线路 |
| 绿 | 来自电信局的输入中继器或网络接口的设备侧 |
| 黄 | 交换机的用户引出线或辅助装置的连接线路 |

3）标签的内容应包含建筑物的名称、位置、区号和起始点等信息。

（2）常用的标识方法

常用的标识方法有电缆标识、场标识与插入标识三种。

1）电缆标识。主要用来标明电缆来源与去处，一般情况下电缆未连接前就在电缆的起始端和终端做好了标识。它常用专用标签与套管（套在电缆或电线外面的塑料线管）标识两种标识方法，如图 1—4—3、图 1—4—4 所示。

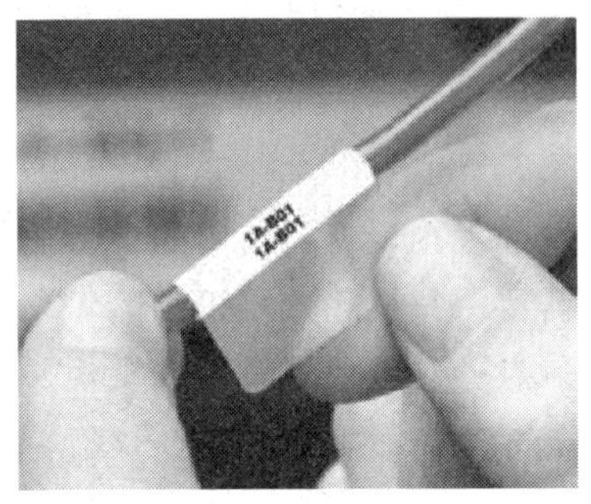


图 1—4—3　专用标签标识

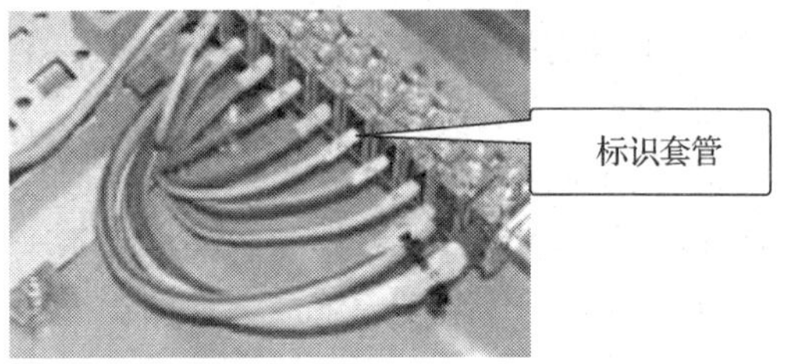


图 1—4—4　套管标识

2）场标识。又称为区域标记，一般用于设备间、配线间和二级交接间的管理器件，以区别管理器件连接线缆的区域范围。每个标识都用底色来指明端接于管理间、设备间的电缆的类型。

3）插入标识。插入标识所用的材料是硬纸片与塑料夹，通常是在硬纸片上做好标识，然后，用塑料夹将其固定在两个配线架之间的连接电线上。每个插入标识都用色标来指明所连接电缆的发源地（表 1—4—6）。

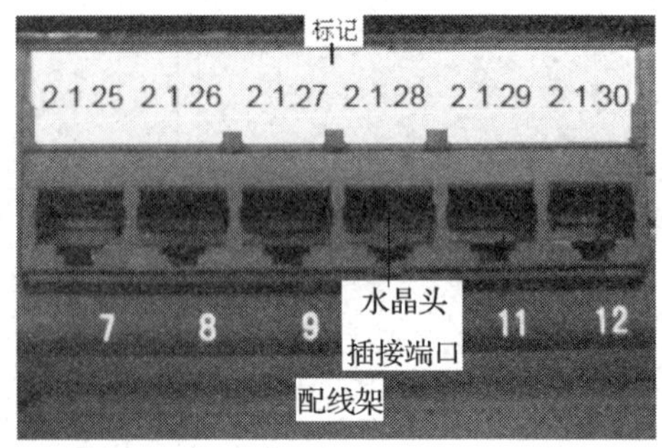


图 1—4—5　配线架的标识方法

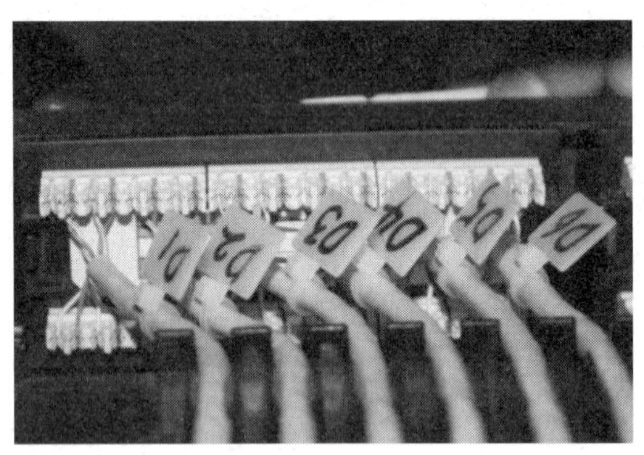


图 1—4—6　插入标识

（3）标签的编制

标识编码采用“信息点类别＋楼栋号＋楼层号＋房间号＋信息点位置”的方式来编制。

例如：一根电缆从三楼 311 房间的第一个计算机网络信息点拉至楼层管理间。标签可编制为 311—D1，其中，“311”为房间号，“D”表明数据信息点，“D1”即第一个信息点。

（4）标识管理

标签的种类有专用标签、套管两类；而上面的标记可以印刷上去，也可以手写上去。

1）专用标签。用耐用材料做成，可以直接粘贴、缠绕在线缆上。

2）套管和热塑套管。布线时，需要将套管从电缆的一端套入并调整到适当位置，布线工程完工后，用热塑枪加热使套管收缩固定。

（5）标识要求

1）综合布线系统的每条电缆、光缆、配线设备、端接点、安装通道和安装空间均应给定唯一的标识，标识可用名称、颜色、数字编号等识别。

2）配线设备、信息插座等硬件宜采用不易脱落和磨损的标识，并应有详细的书面记录与图样资料。

3）电缆与光缆两端应采用不易脱落和磨损的不干胶条标明相同的编号。

4）应采用统一的色标来区别各类用途的配线区。

**3. 管理子系统的安装**

这里主要介绍机柜和配线架的安装。

（1）机柜的安装

如图 1—4—7 所示是楼层管理间内配线架安装的实物图。

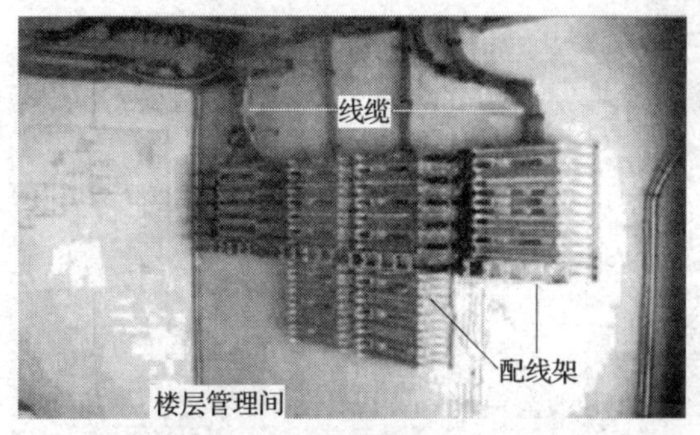


图 1—4—7 管理间内配线架安装实物图

1）机柜的选择。在管理间子系统中，大多数情况下选择的是 6U～12U 壁挂式机柜，机柜内装有配线架、跳线架、交换机等设备。其中，每层建筑按电话对数与数据信息点数各 200 个考虑。

2）安装方法

①预埋件的安装。预埋件的安装和土建施工同时进行，如果没有预埋可在选好安装位置后，用膨胀螺栓固定机柜，如图 1—4—8 所示。

②壁挂式机柜的安装

a. 确定壁挂式机柜的安装位置与数量。注意：安装高度要在 2.5 m 以上。

b. 在墙壁上画出安装孔的位置。一般采用的方法是先用纸板比着壁挂式机柜确定安装孔的位置，然后，将该纸板贴在墙面上标出安装孔的位置。

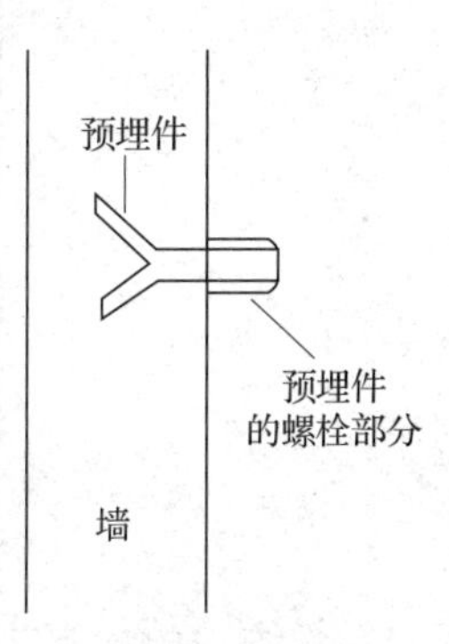


图 1—4—8 预埋件的安装

c. 用电钻在标有安装孔位置的墙面上打孔（4 个），然后，在每个孔内放置一个直径为 10～12 mm 的膨胀螺栓。

d. 先将壁挂式机柜的门板拆下来，然后，将剩余部分的安装孔对准膨胀螺栓插入，再将螺母拧紧。

e. 上好壁挂式机柜的门板，引入电源。

**注意：**机柜安装要平直，螺钉固定要牢固。

③立式机柜的安装。步骤与壁挂式机柜基本相同，只不过壁挂式机柜安装在墙面上，而立式机柜安装在地面上。

**注意：**安装时要将立式机柜的四个轱辘悬空，保证立式机柜不能转动。

（2）配线架的安装

1）网络配线架的安装步骤

①检查配线架与配件是否完好无损。

②将配线架安装在机柜的立柱（设计位置）上，如图 1—4—9、图 1—4—10 所示。

图 1—4—9　机柜

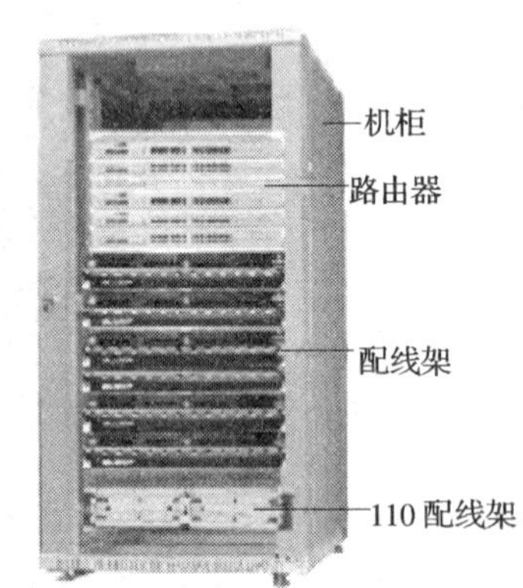


图 1—4—10　安装配线架的机柜

③端接打线操作，如图 1—4—11 所示。

图 1—4—11　端接打线操作

④理线，将电缆线捋顺，并捆扎成束、固定，如图 1—4—12 所示。

图 1—4—12　理线操作

⑤安装标签条，做好标记。

2）110 通信配线架的安装步骤

①检查 110 配线架和附带的螺钉，如图 1—4—13 所示。

图 1—4—13　110 通信配线架

②将 110 配线架用螺钉安装在机柜的立柱上（图 1—4—10）。

③按照顺序将线芯打接在 110 配线架的模块上，方法同上。

④将电缆捋顺并捆扎成束，方法同上。

⑤粘贴标签，进行标注。

## 二、设备（间）子系统

### 1. 设备（间）子系统概述

（1）定义及组成

设备（间）子系统又称为设备子系统，它是整个布线系统的主要节点，是整栋建筑物信息的汇集点。一般设置在大楼的中心，设备间里主要有各种线缆、连接器和支撑件构成，如图 1—4—14、图 1—4—15 和 1—4—16 所示。

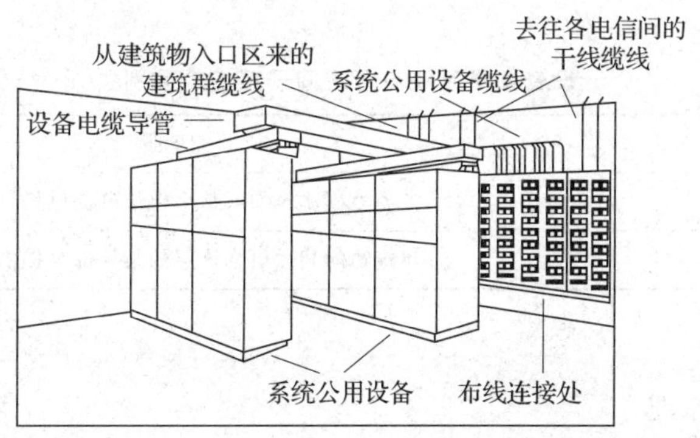


图 1—4—14　设备（间）子系统构造图

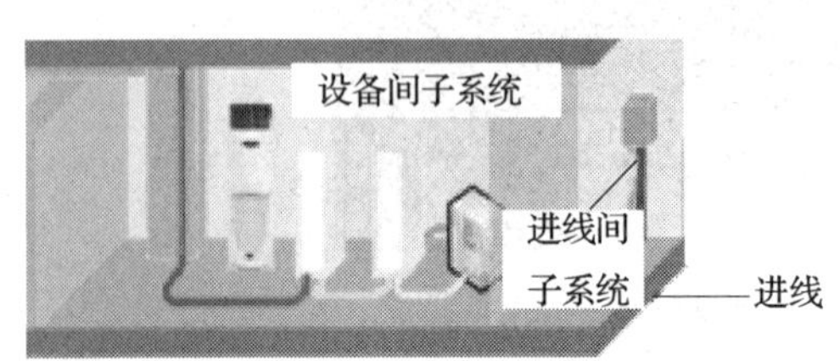


图 1—4—15　设备间子系统实物图

图 1—4—16　设备间实物图

设备间组成如图 1—4—17 所示。

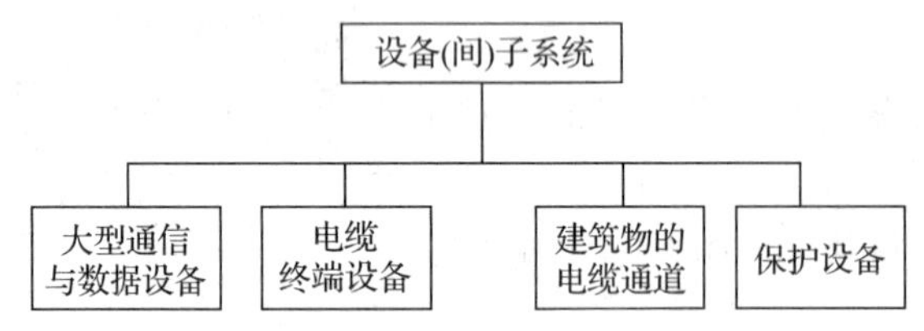


图 1—4—17　设备（间）子系统的组成

(2) 设备（间）子系统的标准

根据 GB 50311—2007《综合布线系统工程设计规范》的要求，设备间设置要求如下：

1) 每栋建筑物内应至少设置一个设备间，根据不同业务的需要也可以设置两个或两个以上设备间。

2) 设备间面积不小于 10 $m^2$，能支持总量约为 6 000 个信息点（其中，电话与数据信息点各占 50%）的建筑物配线设备安装空间。

(3) 设备（间）子系统与管理（间）子系统的区别

设备间子系统与管理间子系统都能提供信息管理与信息传输服务，但它们之间也有区别，其区别见表 1—4—2。

**表 1—4—2**　　设备间子系统与管理间子系统的区别

| 子系统名称 | 区别 |
|---|---|
| 设备间子系统 | 为整栋建筑物或整个建筑群提供信息服务 |
| 管理间子系统 | 为建筑物的某一层或该层的某一部分提供信息服务 |

**2. 设备间的防雷**

(1) 防雷的基本原理

所谓雷击防护（防雷）就是通过合理、有效的手段将雷击电流的能量尽可能地引入大地，防止损坏电子设备。

根据国际电工委员会的最新防雷理论，雷击防护有直击雷防护与感应雷防护两大类。其中，直击雷防护采用的是接闪杆、接闪带与接闪网，接闪器引雷，并通过引下线，使直击雷的能量泄放入地的防雷方法，如图 1—4—18 所示。而感应雷的防护原理是在被保护的设备前端并联一个防雷器，当有雷击电流冲击时，防雷器在极短的时间内与接地网形成通路（图 1—4—19），使雷击电流在到达被保护设备之前，通过防雷器和接地网泄放入地。当雷击电流泄放完成后，防雷器自动恢复到正常高电阻状态（图 1—4—20），使被保护设备继续工作。

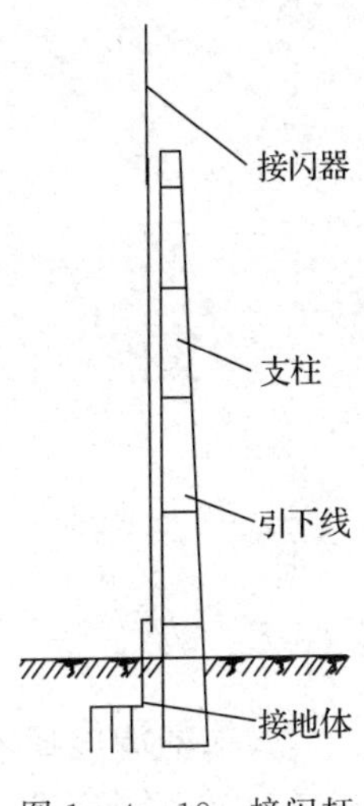

图 1—4—18　接闪杆

（2）雷击防护等级

对设备间电源系统一般采用三级防雷保护。

1）第一、第二级电源防雷。是为了防止从室外窜入的雷电过电压、开关操作过电压、感应过电压与反射波效应过电压而设置的防雷措施，一般安装在设备间总配电处，能最大限度地确保被保护对象不因雷击而损坏。

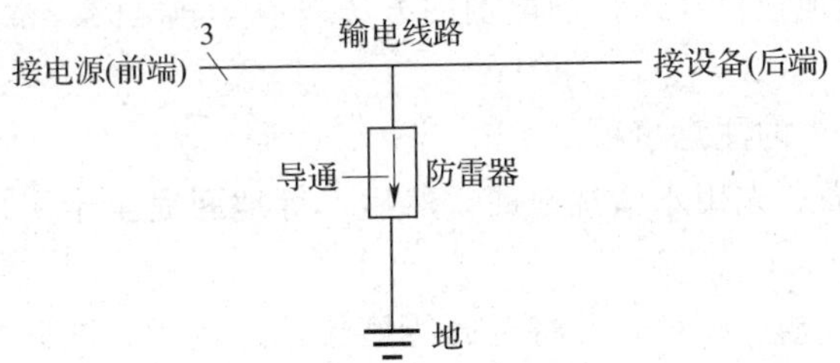

图 1—4—19　有雷击电流冲击时的防雷器状态图

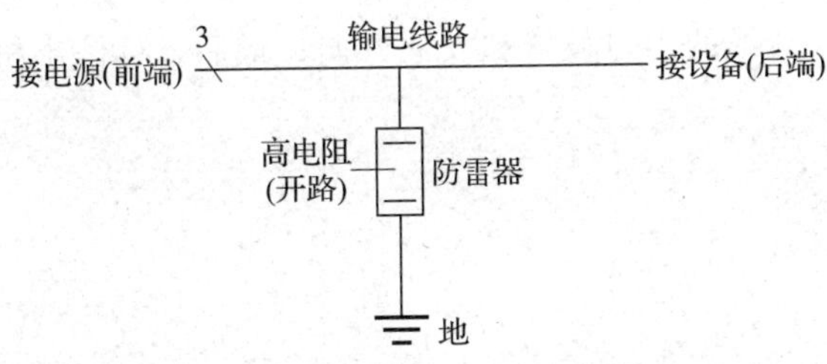

图 1—4—20　正常工作时的防雷器状态图

2）第三级电源防雷。是为了防止开关操作过电压、感应过电压而设置的防雷措施，一般设置在设备间的主要设备（如：服务器、交换机、路由器等）位置，并且，其前端还要安装电源防雷器。

第一、第二、第三级防雷保护装置的安装位置如图 1—4—21 所示。

**3. 设备间防静电的方法**

（1）设备间防静电措施

因为摩擦而形成的相对静止的电荷积聚现象称为静电。静电的危害主要有：引起火灾与爆炸、电击、妨碍生产与降低产品质量等。

常用的防静电措施有：

1）接地法。主要用于金属的防静电。

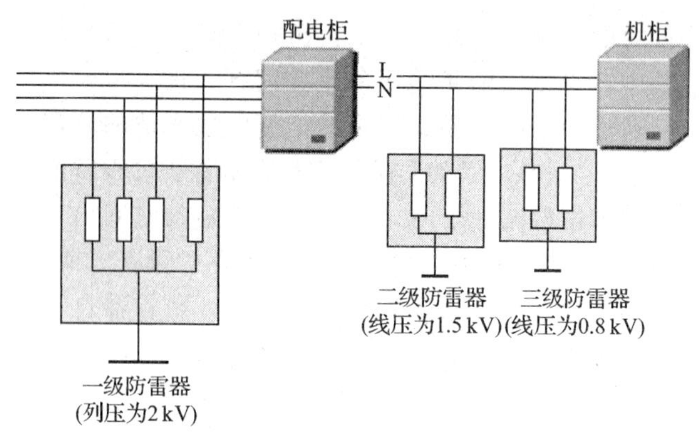


图 1—4—21　防雷保护设备安装位置示意图

2）泄漏法。它又包含了增湿法与加抗静电剂法两种，主要用于绝缘体的防静电。

3）静电综合法。

4）工艺控制法。

设备间采用的是向地板里加入抗静电剂的方法来消除静电的。常用的防静电地板有钢结构与木结构两种。

（2）防静电地板施工的注意事项

1）首先要清洁地面。先用水清洗地面，然后，等地面完全干了以后方可铺设防静电地板。

2）在地面上敷设线槽、线缆，并将金属线槽接地；然后，准确地画出地板下线槽的位置与走向图。

3）铺好防静电地板后，要先在地板上标注出每个机柜的准确位置（按照位置与走向图）；其次，画出线槽、线缆的出口位置和安放方向；最后，标注出机柜连接螺钉的孔位。

## 一、实训目的

1. 掌握 110 通信配线架的安装方法；掌握网络配线架的安装方法。
2. 掌握壁挂式机柜的安装方法；掌握立式机柜的安装方法。
3. 通过合作养成团队协作精神。

## 二、实训器材（表 1—4—3）

**表 1—4—3**　　**实训器材**

| 序号 | 设备名称 | 数量 |
| --- | --- | --- |
| 1 | 机柜 | 1 个 |
| 2 | 110 配线架 | 2 个 |

续表

| 序号 | 设备名称 | 数量 |
| --- | --- | --- |
| 3 | 网络配线架 | 5个 |
| 4 | 打线工具 | 5把 |
| 5 | 壁挂式机柜 | 1个 |
| 6 | 立式机柜 | 1个 |
| 7 | 电钻 | 2个 |
| 8 | 十字旋具、螺栓 | 若干 |

## 三、实训内容

1. 将网络配线架或110配线架安装在机柜上。
2. 将网线通过打线的方式连接在配线架上，线对的线序要正确。
3. 按照设计要求预埋安装螺栓或用电钻在墙面、地面打孔并放置膨胀螺栓。
4. 安装壁挂式、立式机柜，并接入电源线。

## 四、评分标准（表1—4—4）

**表1—4—4　　实训评价**

| 内容 | 要求 | 配分 | 评分标准 | 扣分 | 得分 |
| --- | --- | --- | --- | --- | --- |
| 网络配线架的安装 | 1. 正确地将配线架安装到机柜上<br>2. 正确完成打线操作<br>3. 完成理线操作<br>4. 标签粘贴正确 | 25 | 1. 配线架安装不牢固扣10分<br>2. 错线、漏线、短路、断路每处扣5分<br>3. 线路有交叉或扎接不紧每处扣2分<br>4. 标识方法不正确每处扣5分 | | |
| 110通信配线架安装 | 1. 正确地将配线架安装到机柜上<br>2. 正确完成打线操作<br>3. 完成理线操作<br>4. 标签粘贴正确 | 25 | 1. 配线架安装不牢固扣10分<br>2. 错线、漏线、短路、断路每处扣5分<br>3. 线路有交叉或扎接不紧每处扣2分<br>4. 标识方法不正确每处扣5分 | | |
| 壁挂式机柜的安装 | 1. 安装步骤正确<br>2. 安装位置合适<br>3. 安装牢固可靠<br>4. 保证平直 | 20 | 1. 安装步骤不正确扣10分<br>2. 安装位置不合适扣5分<br>3. 安装不牢固或有松动扣5分<br>4. 安装平直度不够（有歪斜）扣5分 | | |

续表

| 内容 | 要求 | 配分 | 评分标准 | 扣分 | 得分 |
|---|---|---|---|---|---|
| 立式机柜的安装 | 1. 安装步骤正确<br>2. 安装位置合适<br>3. 安装牢固可靠<br>4. 保证平直<br>5. 四个轱辘要悬空 | 20 | 1. 安装步骤不正确扣 10 分<br>2. 安装位置不合适扣 5 分<br>3. 安装不牢固或有松动扣 5 分<br>4. 安装平直度不够（有歪斜）扣 5 分<br>5. 机柜能旋转扣 5 分 | | |
| 评测 | 由教师完成 | 10 | 未按安全生产标准操作扣 10 分 | | |

# 课题五　建筑群子系统

1. 了解建筑群子系统的结构及组成。
2. 了解进线间的位置与结构。
3. 认识常用的光纤设备。
4. 会使用光纤熔接机与光纤切割机。
5. 会制作光纤跳线。

## 一、建筑群子系统

建筑群子系统也称为楼宇子系统，其作用是将一座建筑物中的线缆延伸到其他建筑物的连接，包括连接各建筑物之间的线缆、综合布线所需的各种硬件，是综合布线系统的一个重要组成部分，如图 1—5—1、图 1—5—2 所示。

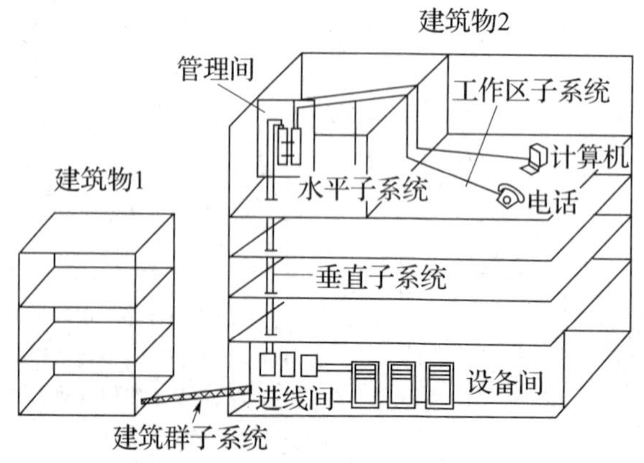


图 1—5—1　建筑群子系统结构示意图

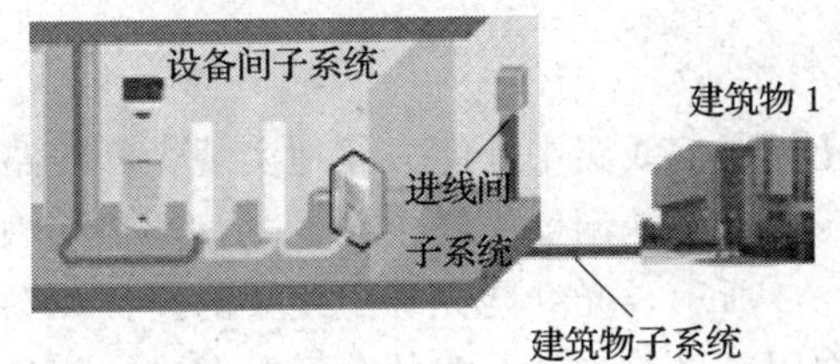


图 1—5—2　建筑群子系统实物示意图

由两图可知，建筑群子系统实际上就是连接两座及以上建筑物之间的通信连接。它由建筑群配线设备、建筑物之间的干线电缆与光缆、跳线等组成。建筑群配线设备包括端接设备和电气保护装置等。干线光缆有三种敷设方式：架空、直埋或地下管道。敷设方式的确定主要取决于现场与周围环境的情况。

## 二、进线间子系统

进线间是建筑物外部通信和信息管线的入口部分，并可作为入口设施和建筑群配线设备的安装场地。

它是根据 GB 50311 国家标准新增加的子系统，进线间一般采用地埋管线进入建筑物内部，宜在土建阶段设置。

进线间子系统如图 1—5—2 所示，主要包括光纤端接设备和电气保护装置等。

## 三、系统的设计

### 1. 进线间子系统的设计

（1）一般一个建筑物宜设置一个进线间，其应能为多家电信运营商和业务提供商服务；进线间一般设置在地下一层。

（2）进线间线缆入口处的管孔数应留有 2～4 孔的余量；并且，空闲的管孔应做好防水处理并用防火材料封堵。

（3）进线间应做防水处理，并备有抽排水装置。

（4）进线间应与布线系统的垂直竖井相沟通。

（5）进线间应采用相应防火级别的防火门，门向外开，门的宽度不小于 1 000 mm。

（6）与进线间无关的管道不宜通过进线间。

### 2. 建筑群子系统的设计

（1）明确障碍物的位置，选择最短路径。

（2）选择线缆的类型。计算机网络选择光缆，一般情况下，使用（62.5 μmm/125 μmm，62.5 μmm 是光纤纤芯的直径，125 μmm 是纤芯包层的直径）多模光缆，户外布线大于 2 km 时可选择单模光缆。电话网络采用大对数电缆。

（3）干线电缆、干线光缆布线时，交接不应超过两次。

（4）干线电缆、干线光缆宜采用直埋与地下管道方式敷设；要做好防雷保护与接地保护。

（5）外线电缆进入建筑物内部的长度最好不超过 15 cm。

## 四、常用光纤设备

### 1. 光纤配线架

光纤配线架主要用在光纤通信线路中，能方便地实现光纤线路的连接、分配和调度（即通过光纤跳线连接器插头，能方便地调度光缆中纤芯的序号及分配光传输系统的路径）。光纤配线架的功能如图 1—5—3 所示，光纤与光纤配线架的连接如图 1—5—4 所示，光纤跳线如图 1—5—5 所示（主要作用是进行光纤线路的分配及调度。例如：可以通过跳线连接器的插头插接在光纤配线架的不同光纤插座上，来实现给不同用户提供通信信息）。

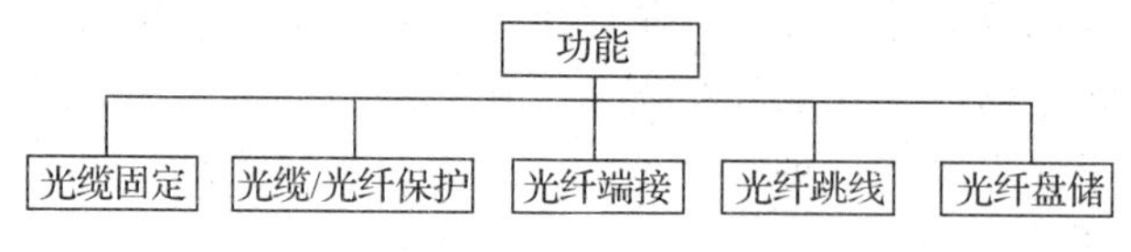


图 1—5—3　光纤架的功能

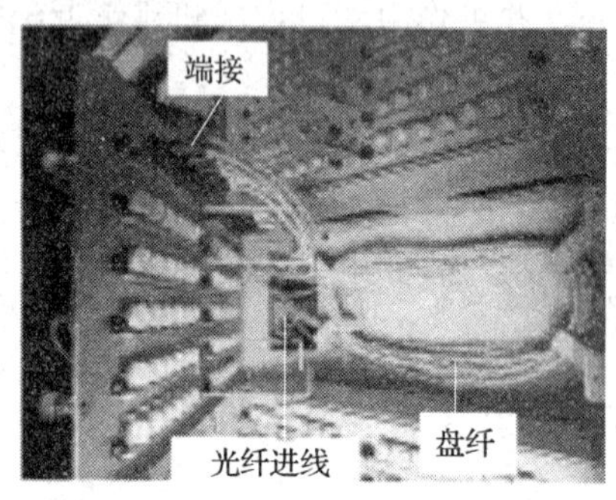


图 1—5—4　光纤配线架的端接与盘纤

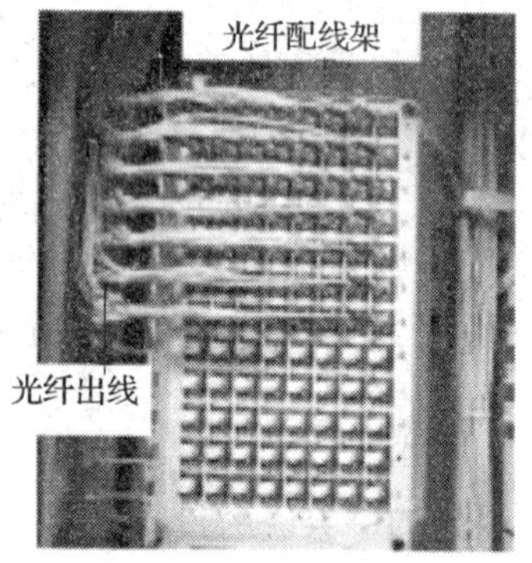


图 1—5—5　光纤跳线

### 2. 光纤接口设备

（1）光纤接头

光纤接头是连接设备（类似于电源的插座与插头），它由公头与母头两部分组成，主要用于光纤与光纤，光纤与设备之间的连接，如图 1—5—6 所示。

（2）光纤盒

光纤盒的主要作用是进行光信号与数据（视频、语音）信号的转换，一般直接安装在桌面上，如图 1—5—7 所示。

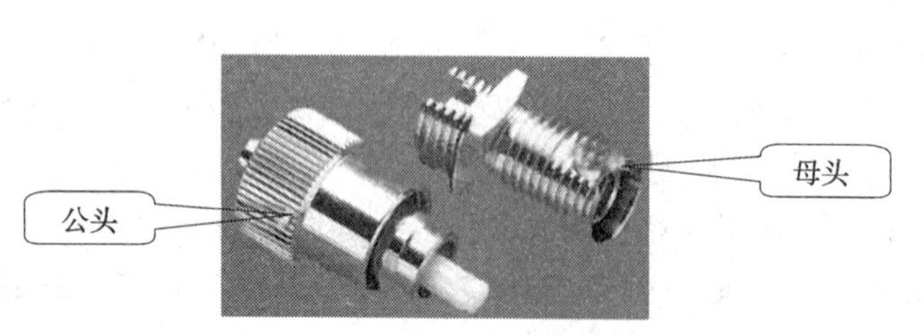


图 1—5—6　光纤接头

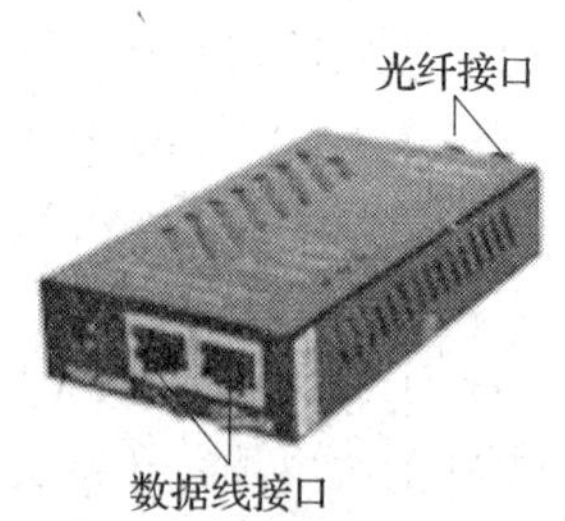


图 1—5—7　光纤盒

(3) 光纤跳线

光纤跳线主要用于配线架上各种链路的交接，它能提升系统的灵活性。光纤跳线如图 1—5—8、图 1—5—9 所示。

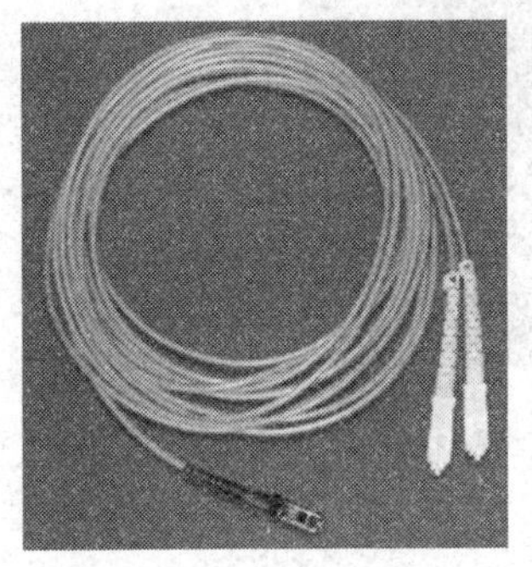

图 1—5—8　一公（头）一母（头）的光纤跳线

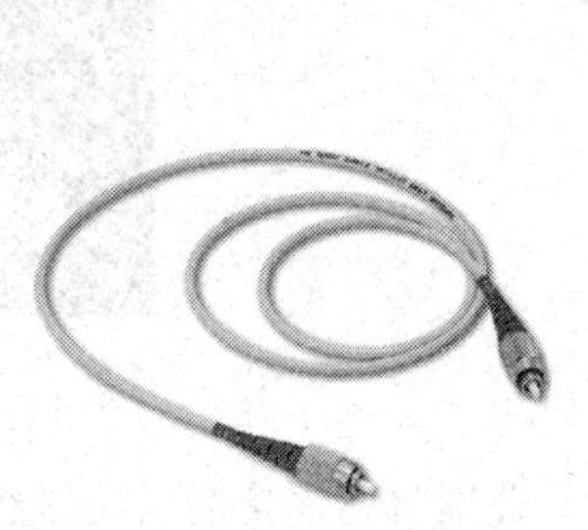

图 1—5—9　两公（头）的光纤跳线

**3. 光纤配线箱**

光纤配线箱是集数据信息转换、传输、分配与保护为一体的设备。光纤配线箱如图 1—5—10、图 1—5—11 所示。

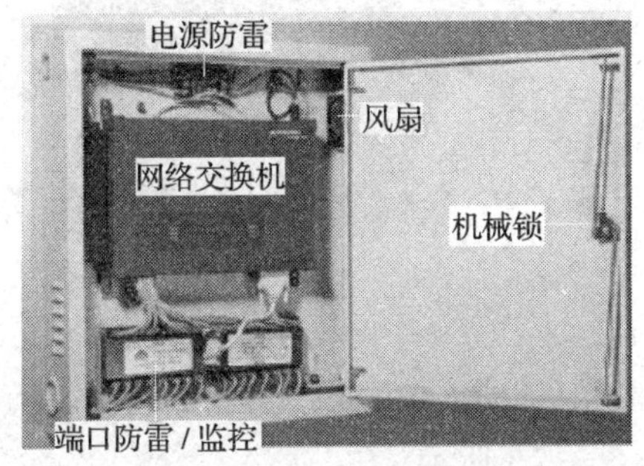


图 1—5—10　光纤配线箱实物图

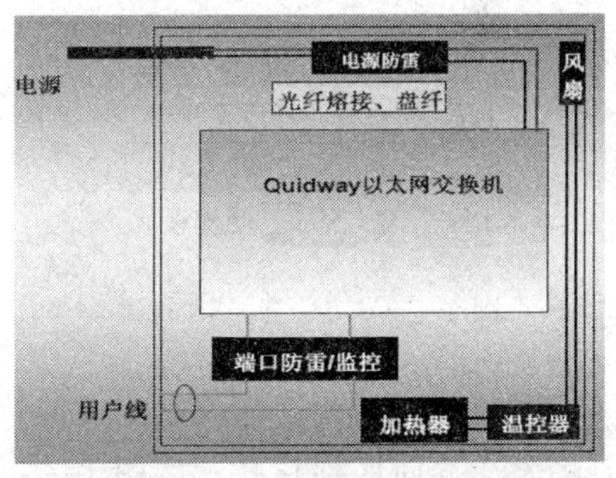


图 1—5—11　光纤配线箱结构框图

其中，端口防雷设备与温控器如图 1—5—12、图 1—5—13 所示。

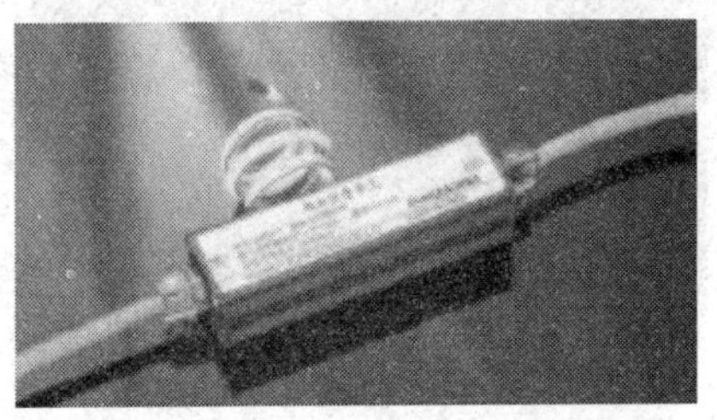

图 1—5—12　端口防雷设备

图 1—5—13　温控器

## 五、光纤的连接和跳线的制作

**1. 光纤的连接**

(1) 剥开光缆，将光缆固定在光纤熔接盘内，如图 1—5—14 所示。

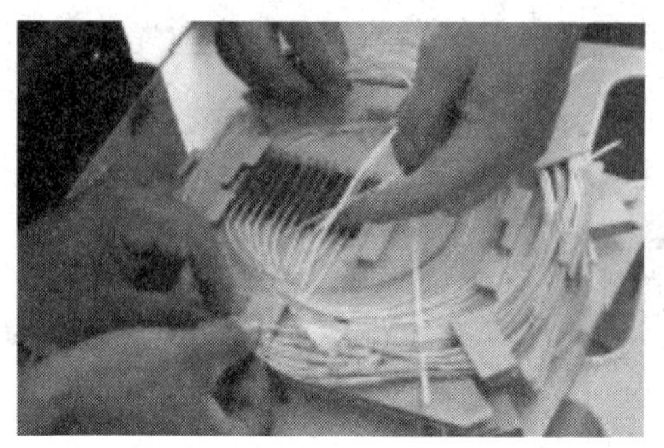

图 1—5—14　将光纤固定在光纤熔接盘内

（2）分别将要连接的两段打线穿过热塑管，如图 1—5—15 所示。

（3）打开熔接机电源，选择合适的熔接方式，如图 1—5—16 所示。

图 1—5—15　穿过热塑管

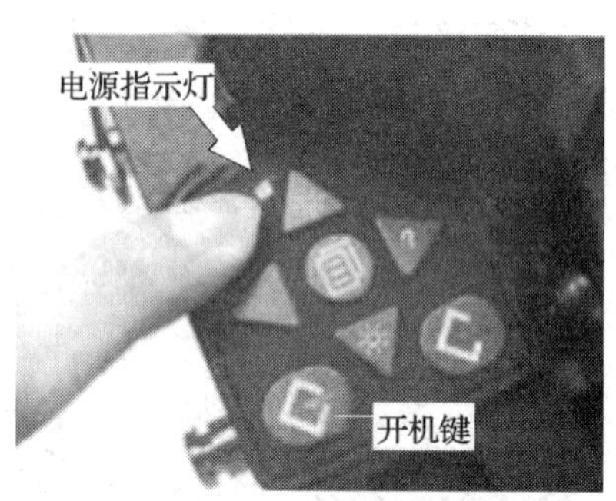


图 1—5—16　开机

（4）用专用的剥线工具剥去涂覆层，再用沾有酒精的清洁布在裸纤上擦拭几次，用光纤切割刀将光纤端面切割整齐，如图 1—5—17、图 1—5—18 所示。

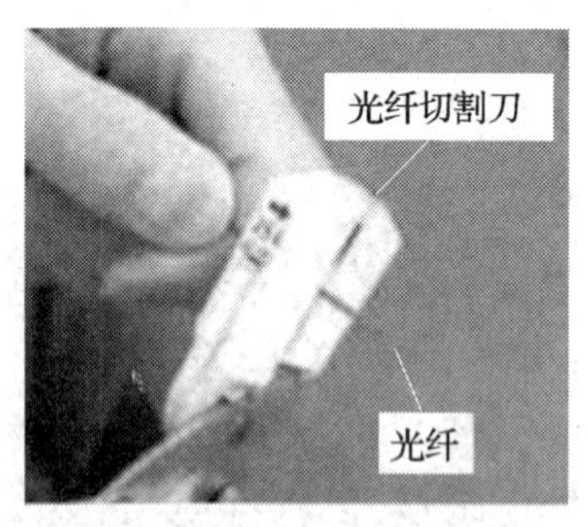


图 1—5—17　剥削光纤

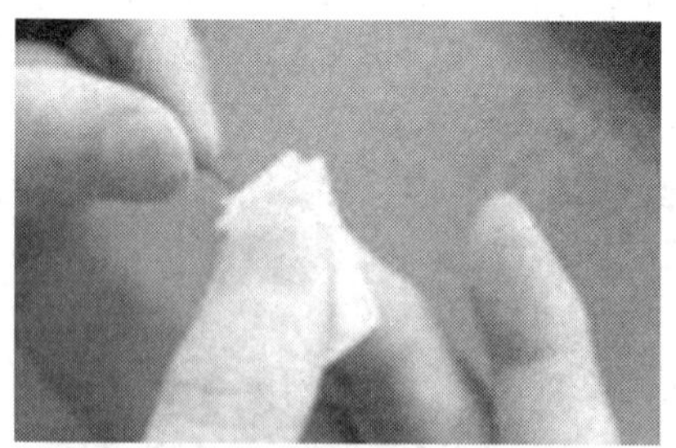

图 1—5—18　擦拭光纤（裸纤）

（5）将光纤放在熔接机的 V 形槽内，压上光纤压板，盖上防风罩，如图 1—5—19、图 1—5—20 所示。

（6）按下“接续”键。熔接机显示屏上会显示光纤端面的切割角度，然后进行初始间隙的设定；最后，熔接机产生电弧将光纤熔接起来并显示损耗值。

（7）取出连接好了的光纤，如图 1—5—21 所示。

图 1—5—19　将光纤放入熔接机

图 1—5—20　关闭防风罩

（8）将光纤从熔接机中取出后，再将热塑管放在裸纤的中间，最后将热塑管光纤一起放进加热器里，如图 1—5—22 所示。

图 1—5—21　取出光纤

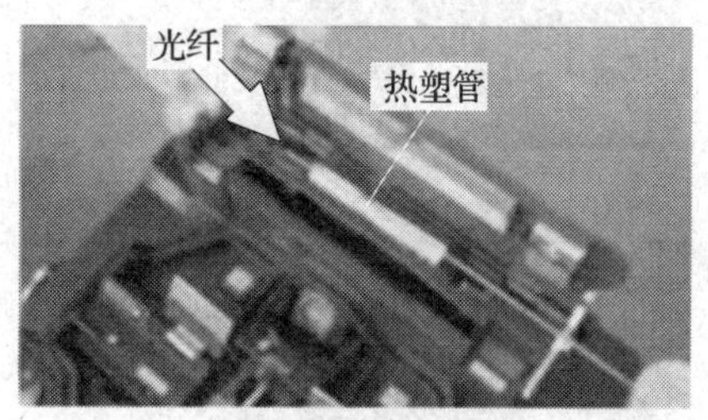


图 1—5—22　加热

**2. 光纤跳线的制作**

所谓光纤跳线就是将光纤与光纤接头连接起来。常见的光纤接头如图 1—5—23 所示。

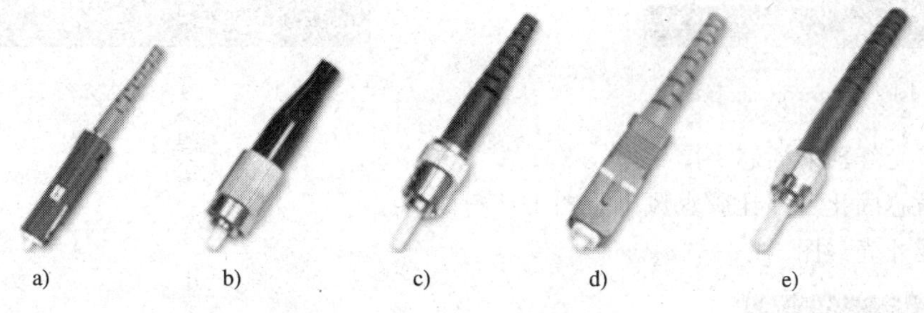


图 1—5—23　光纤接头

a）MU　b）FC　c）ST　d）SC　e）SMA

步骤如下：

（1）剪裁光纤（图 1—5—24）。

（2）套尾管（图 1—5—25）。

（3）装后套（图 1—5—26）。

（4）剥削光纤（图 1—5—27）。

（5）插芯注胶（图 1—5—28）。

（6）清洁光纤（图 1—5—29）。

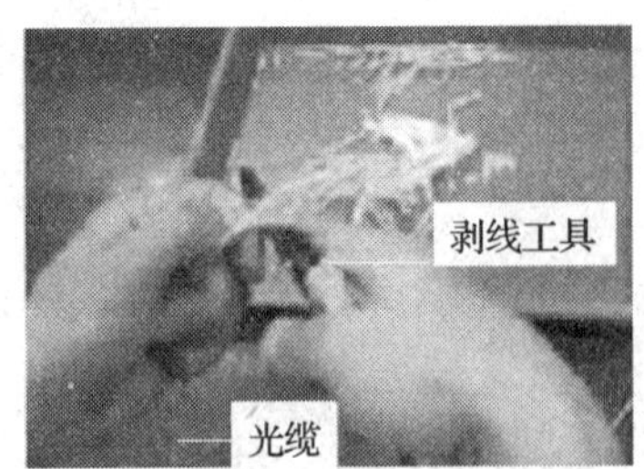


图 1—5—24　剪裁光纤

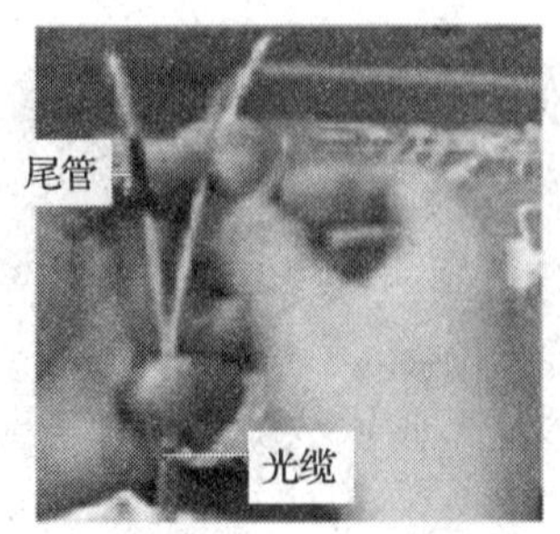


图 1—5—25　套尾管

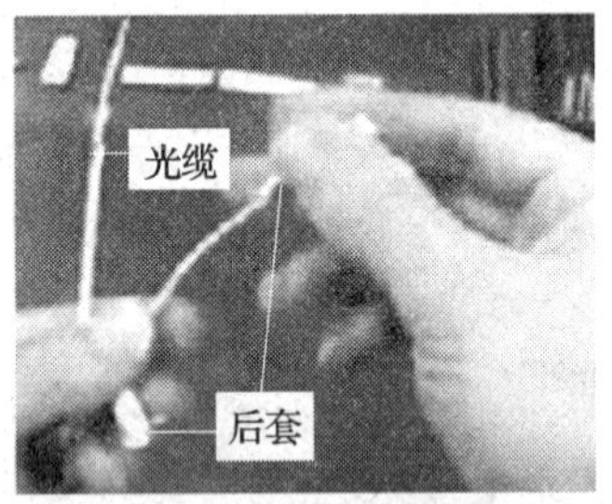


图 1—5—26　装后套

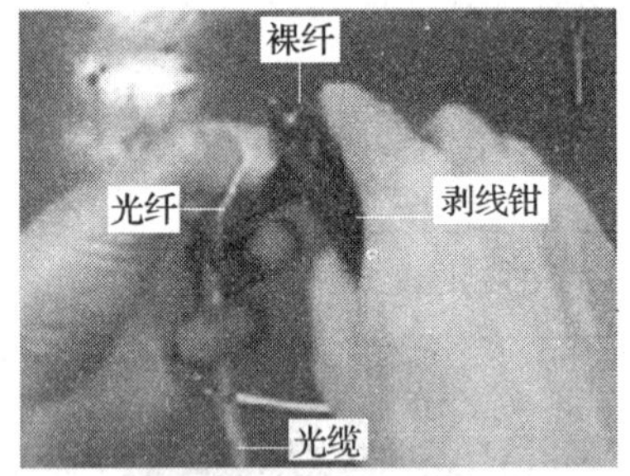


图 1—5—27　剥削光纤

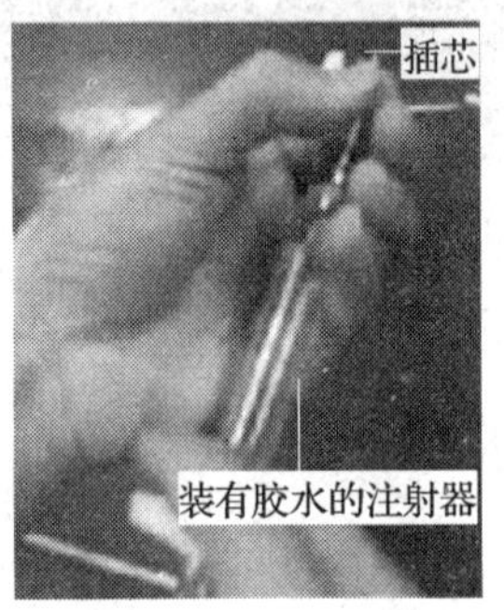


图 1—5—28　插芯注胶

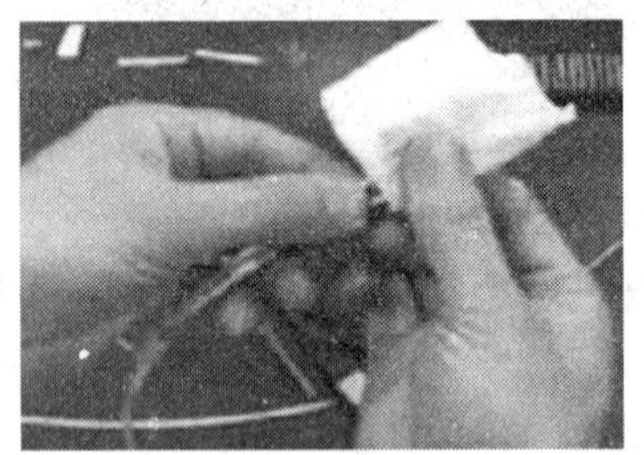

图 1—5—29　清洁光纤

（7）将光纤插入插芯（图 1—5—30）。

（8）插芯固化（即让胶水风干，图 1—5—31）。

（9）装外壳（图 1—5—32）。

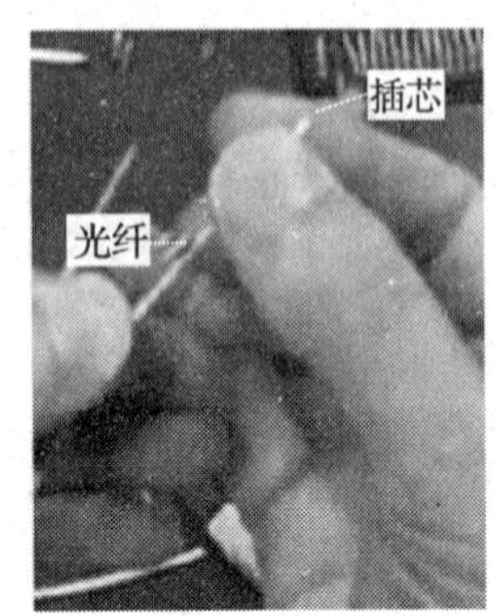


图 1—5—30　将光纤插入插芯

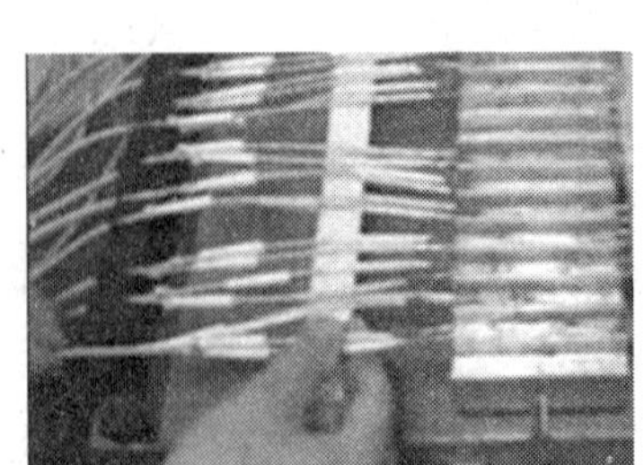

图 1—5—31　放在架上固化

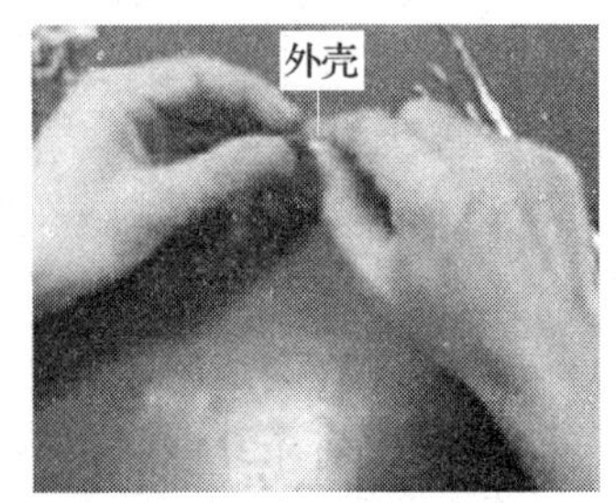


图 1—5—32　装外壳

(10) 压接尾部与装盘研磨（图 1—5—33、图 1—5—34）。

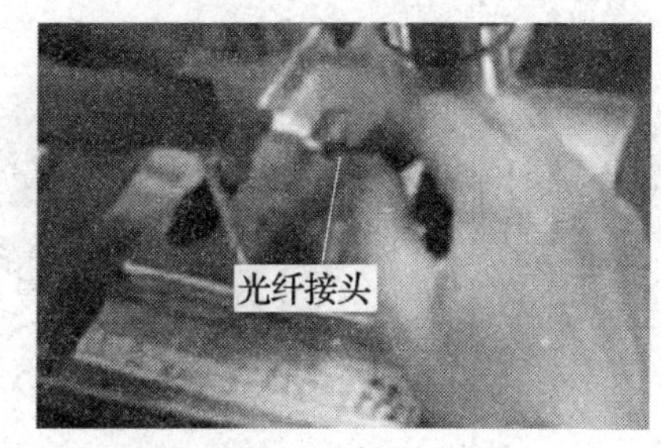

图 1—5—33　压接尾部

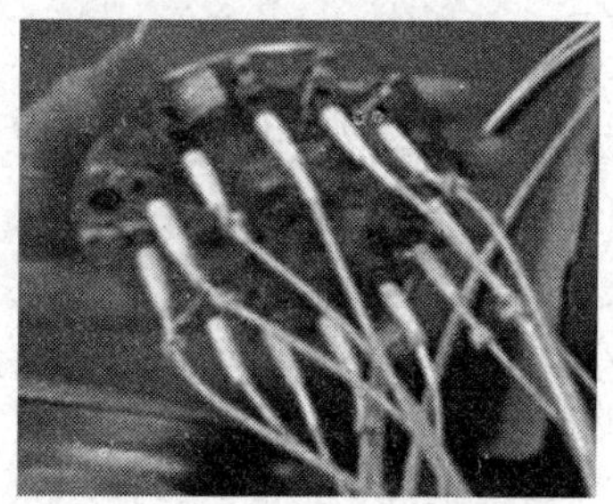
图 1—5—34　装入研磨盘

(11) 将光纤接头在平面上研磨。

## 一、实训目的

1. 掌握光纤连接方法。
2. 掌握光纤跳线的制作方法。
3. 通过合作培养团队协作精神。

## 二、实训器材（见表 1—5—1）

**表 1—5—1　实训器材**

| 序号 | 设备名称 | 数量 |
|---|---|---|
| 1 | 光缆 | 5 m |
| 2 | 光纤接头（MU、FC、ST、SC、SMA 接头） | 各 1 个 |
| 3 | 光纤熔接机 | 1 台 |
| 4 | 剥线钳 | 5 把 |
| 5 | 光纤切割刀 | 5 把 |
| 6 | 注射器 | 5 只 |
| 7 | 光纤压接机 | 1 台 |
| 8 | 光纤研磨盘 | 1 个 |
| 9 | 光纤胶水 | 5 管 |
| 10 | 光纤热缩机 | 1 台 |

## 三、实训内容

1. 认识光纤熔接机。

光纤熔接机主要用于光缆通信，是依靠熔接机放出电弧将两头光纤熔化，以实现光纤耦合的设备，在使用光纤熔接机时要遵循准直原理平缓推进。

光纤熔接机种类很多，可根据价格与性能适当选择，光纤熔接机外形如图 1—5—35 所示。

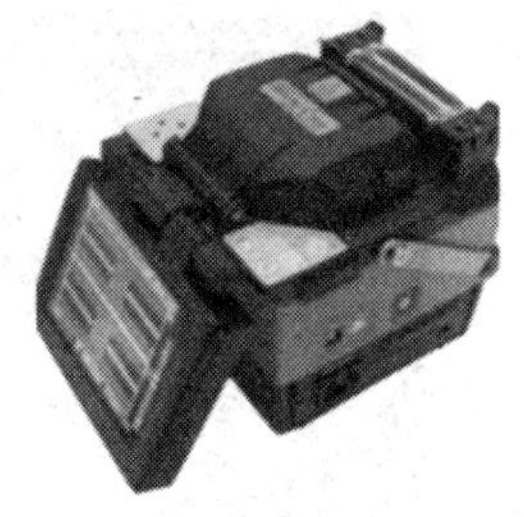

图 1—5—35　光纤熔接机

2. 连接光纤。

3. 制作光纤跳线。

## 四、评分标准（见表 1—5—2）

**表 1—5—2**　　**实训评价**

| 内容 | 要求 | 配分 | 评分标准 | 扣分 | 得分 |
|---|---|---|---|---|---|
| 打线的连接 | 1. 正确剥削光纤<br>2. 光纤擦拭要干净<br>3. 光纤端面切割要整齐<br>4. 正确使用光纤熔接机<br>5. 穿入热塑管等步骤正确 | 45 | 1. 光纤熔接机使用步骤不正确扣 10 分<br>2. 穿入热塑管手法不正确扣 10 分<br>3. 衰减过大扣除 45 分 | | |
| 光纤跳线的制作 | 1. 正确剥削光纤<br>2. 正确完成光纤接头的尾套、后套的安装<br>3. 正确完成光纤插芯的粘接<br>4. 正确完成光纤接头尾部的压接和研磨 | 45 | 1. 光纤接头的尾套、后套安装步骤不正确扣 10 分<br>2. 光纤接头尾部压接不牢扣 5 分<br>3. 光纤研磨不到位扣 5 分<br>4. 衰减过大扣除 45 分 | | |
| 评测 | 由教师完成 | 10 | 未按安全生产标准操作扣 10 分 | | |

# 课题六　综合布线系统的验收

1. 了解工程验收相关标准。
2. 了解综合布线工程验收的基本概念。

3. 掌握物理验收的内容与方法。

4. 掌握文档验收的内容与方法。

5. 掌握系统测试验收的内容。

## 一、工程验收相关标准

工程验收需要参考以下标准：

1. GB 50312—2007《综合布线工程验收规范》。

2. YD/T 926—1—3（2000）《大楼综合布线总规范》。

3. YD/T1013—1999《综合布线系统电气特性通用测试方法》。

4. YD/T1019—2000《数字通信用实心聚烯烃绝缘水平对绞电缆》。

5. YD5051—1997《本地网通信线路工程验收规范》。

6. YDJ39—1997《通信管道工程施工及验收技术规范（修订本）》。

其中，《综合布线工程验收规范》是技术验收的主要标准。

## 二、工程验收

工程验收是用户对网络工程施工工作的认定，也是施工方向用户方移交的正式手续。它的主要内容是：工程施工是否符合设计要求、是否符合有关施工规范（这里所说的要求、规范就是上面所说的工程验收相关标准）、工程是否达到了原来的设计目标、质量是否符合要求及用户是否签字确认。

工程验收主要包括物理验收及文档验收两部分内容。

**1. 物理验收**

物理验收主要包括环境验收与器材验收，如图 1—6—1 所示。

（1）环境验收

环境验收是指对管理间、设备间与工作区的建筑和环境条件的检查，它包括对综合布线系统环境的土建施工验收与辅助设备施工验收，如图 1—6—2 所示。

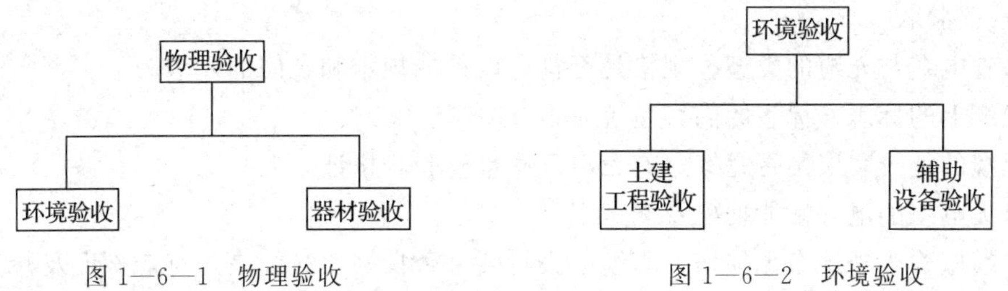


图 1—6—1　物理验收　　图 1—6—2　环境验收

1）土建工程验收

①管理间、设备间及工作区土建工程是否已全部竣工；房屋地面是否平整、光洁；门的高度与宽度是否符合有关标准；门锁与钥匙是否齐备。

②房屋预埋地槽、暗管及空洞和竖井的位置、数量、尺寸是否均符合设计要求。

③是否铺设了防静电地板。

④管理间、设备间的面积、通风及环境温度、湿度是否满足设计要求。

2）辅助设备验收

①管理间、设备间是否提供了 220 V 的单相电源插座。

②管理间、设备间是否提供了可靠的接地装置（为机柜金属外壳、防雷、防静电地板等），接地电阻（小于或等于 4 Ω）是否满足设计要求。

③电源插座、信息模块等的数量和安装位置是否满足设计要求。

（2）器材验收

按子系统分类如图 1—6—3 所示，按布线材料的类型分类如图 1—6—4 所示。

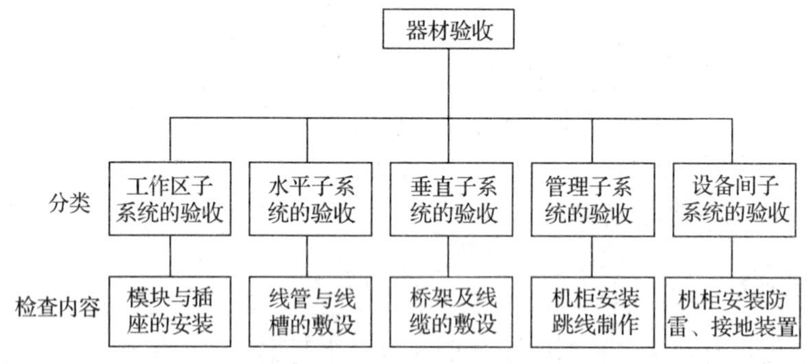


图 1—6—3　器材验收的分类

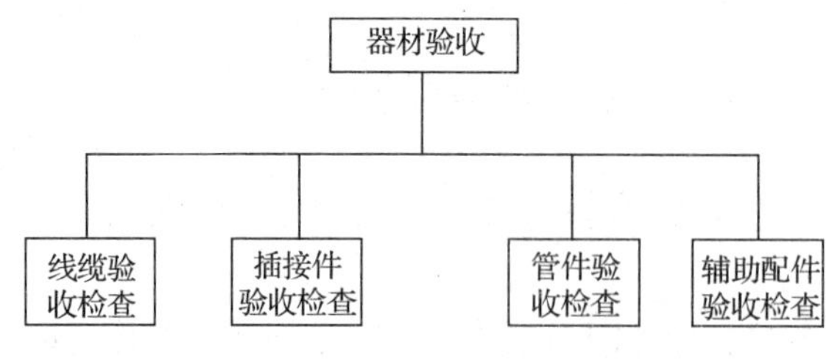


图 1—6—4　器材验收的分类

1）线路验收

①检查电缆与光缆的类型、规格是否符合设计的规定和合同的要求。

②电缆上的标志、标签的内容是否完整、清晰。

③电缆的外护套层是否完好，有无出厂质量检验合格证。

④有无电缆的电气性能抽检及测试记录。

⑤光缆应检查外观有无损伤，光缆端头封装是否良好，光缆是否有合格证及检验测试数据。

2）接插件验收

①检查信息模块与信息插座等接插件是否完整，材质是否满足设计要求。

②光纤插座等接插件的类型、数量与位置是否满足设计要求。

3）管件验收

①塑料管（或槽）与金属管（或槽）等管件的孔径、壁厚是否满足设计要求。

②塑料管（或槽）与金属管（或槽）等管件的表面是否光滑、平整，有无变形及开裂。

③固定塑料管（或槽）与金属管（或槽）等管件的支架是否歪斜、扭曲或破损。

④支架与金属管的电镀层是否完整、均匀，有无脱落及气泡等缺陷。

**2. 文档验收**

文档验收是指检查乙方（施工方、设计方及监理方）是否满足合同或协议的要求，并提供和交付所需要的文档。

文档验收时要保证竣工技术资料文件外观整洁、内容齐全、数据准确。

文档验收的内容如图 1—6—5 所示。

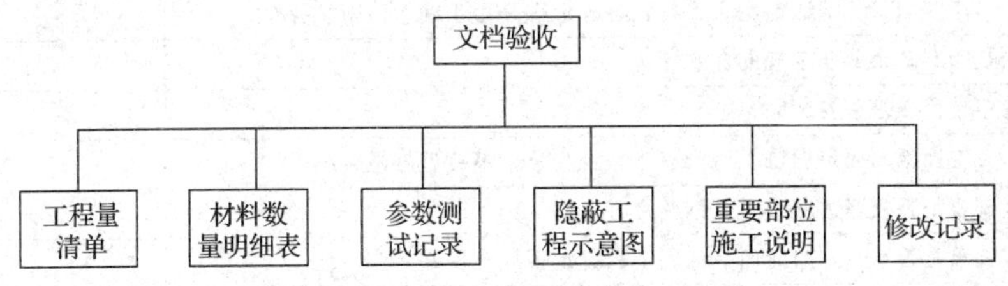


图 1—6—5 文档验收的内容

文档验收所要出具的文件如图 1—6—6 所示。

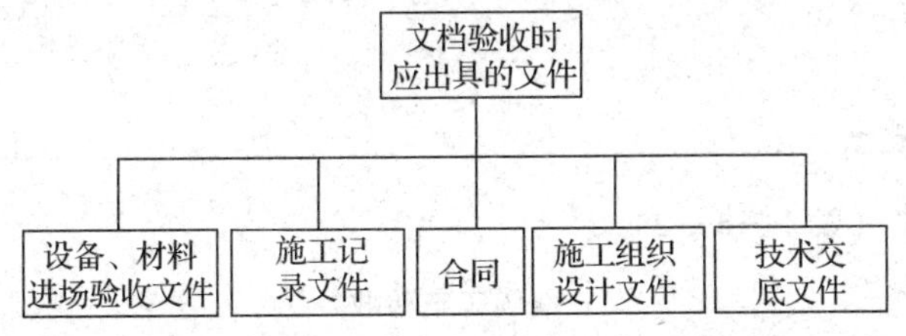


图 1—6—6 文档验收时应出具的文件

## 一、实训目的

1. 掌握机架的安装与验收。
2. 掌握线缆工艺的验收。
3. 掌握供电系统的验收。
4. 掌握终端设备的验收。
5. 通过合作培养团队协作精神。

## 二、实训器材

准备一个综合布线现场。

## 三、实训内容

### 1. 机架验收（表 1—6—1）

表 1—6—1　　机架验收

| 验收内容 | 检查结论 |
| --- | --- |
| 机架安放位置是否符合图样和设计要求 | |
| 机架安放完毕后整体是否牢固 | |
| 机架安放完毕后是否清理现场，是否遗留工具和杂物 | |
| 机架内是否清洁，是否遗留杂物 | |
| 整机表面是否干净整洁，外部漆饰是否完好，各种标识是否正确、清晰、齐全 | |
| 机架各单板内是否有多余或非正规的标签 | |
| 各空挡板及各空单板条是否安装完整 | |
| 机架内各设备及空挡板的固定螺钉是否紧固，是否齐全，螺钉型号是否统一 | |
| 各单板的面板螺钉是否松紧适度，弹簧钢丝是否完好 | |
| 各设备的承重托盘是否水平，与前面板的固定螺钉是否配合良好 | |
| 走线挡板及走线窗是否安装线圈 | |
| 验收结论：<br>验收日期： | |
| 参加验收人员签字： | 施工单位：<br>监理单位：<br>建设单位： |

### 2. 线缆工艺验收（表 1—6—2）

表 1—6—2　　线缆工艺验收

| 验收内容 | 检查结论 |
| --- | --- |
| 线缆的实际施工是否与设计要求相符 | |
| 线缆的布放是否便于维护和将来扩容 | |
| 线缆是否松紧适度 | |
| 线缆两端是否标识清晰 | |
| 多余线缆是否盘放有序 | |
| 线缆布放是否整齐、美观、无交叉 | |
| 线缆绑扎工艺是否良好 | |
| 线缆有无明显的破损、断裂 | |
| 暂时不用的光纤是否头部加有护套 | |
| 线缆头及转接头是否卡接牢固 | |
| 接头是否规范、美观 | |
| 验收结论：<br>验收日期： | |
| 参加验收人员签字： | 施工单位：<br>监理单位：<br>建设单位： |

### 3. 供电系统验收（表 1—6—3）

表 1—6—3　　供电系统验收

| 验收内容 | 检查结论 |
|---|---|
| 电源线是否与信息线分开布放 | |
| 电源线及地线是否采用整段线料 | |
| 机架内电源插座是否固定稳妥 | |
| 电源模块是否能正常供电 | |
| 接地方式是否符合规定 | |
| 各种电源插座是否尽量不串联 | |
| 验收结论：<br>验收日期： | |
| 参加验收人员签字： | 施工单位： |
| | 监理单位： |
| | 建设单位： |

### 4. 终端设备验收（表 1—6—4）

表 1—6—4　　终端设备验收

| 验收内容 | 检查结论 |
|---|---|
| 各终端设备摆放是否符合要求 | |
| 机后线缆是否绑扎整齐、合理 | |
| 各终端设备的外壳是否安装，螺钉是否全部拧紧 | |
| 表面是否完好（无破损），漆饰是否完好 | |
| 各终端设备是否配置齐全、标识是否齐全 | |
| 上电运行是否正常，计算机基本操作是否正常 | |
| 键盘、鼠标是否使用正常 | |
| 显示器是否正常 | |
| 终端病毒检查，是否存在病毒 | |
| 验收结论：<br>验收日期： | |
| 参加验收人员签字： | 施工单位： |
| | 监理单位： |
| | 建设单位： |

## 四、评分标准（表 1—6—5）

表 1—6—5　　评分标准

| 内容 | 要求 | 配分 | 评分标准 | 扣分 | 得分 |
|---|---|---|---|---|---|
| 机架的验收 | 1. 检测步骤正确<br>2. 表格填写规范、整洁<br>3. 对存在的问题提出整改意见 | 20 | 1. 检测步骤不正确扣 10 分<br>2. 表格填写不规范扣 10 分<br>3. 无结论扣 5 分 | | |
| 线缆验收 | 1. 检测步骤正确<br>2. 表格填写规范、整洁<br>3. 对存在的问题提出整改意见 | 20 | 1. 检测步骤不正确扣 10 分<br>2. 表格填写不规范扣 10 分<br>3. 无结论扣 5 分 | | |
| 供电系统验收 | 1. 检测步骤正确<br>2. 表格填写规范、整洁<br>3. 对存在的问题提出整改意见 | 25 | 1. 检测步骤不正确扣 10 分<br>2. 表格填写不规范扣 10 分<br>3. 无结论扣 5 分 | | |
| 终端设备的验收 | 1. 检测步骤正确<br>2. 表格填写规范、整洁<br>3. 对存在的问题提出整改意见 | 25 | 1. 检测步骤不正确扣 10 分<br>2. 表格填写不规范扣 10 分<br>3. 无结论扣 5 分 | | |
| 评测 | 由教师完成 | 10 | 未按安全生产标准操作扣 10 分 | | |

# 模块二

# 智能楼宇综合布线系统线路的施工

## 课题一　线管的安装

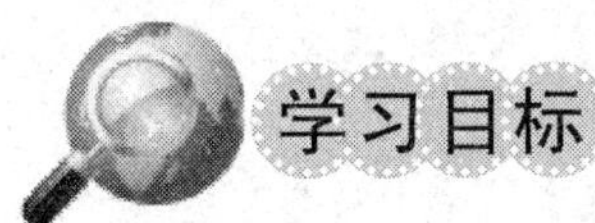


1. 了解塑料线管和金属线管的安装步骤和方法，熟悉注意事项。
2. 会进行塑料线管和金属线管的安装。
3. 学会支架和吊架的安装。

线管安装主要用于工作间子系统的布线，线管通常有明装方式（多用于旧建筑的改造）和暗装方式（与土木工程一起施工）。线管主要分为金属线管（用于暗装、明装）和塑料线管（用于明装）两类（还有一些线管，如水泥线管等因为较少使用，这里不做介绍）。下面介绍常用的线管和附件。

### 一、线管

线管主要起着保护导线不受机械损伤的作用，金属电线管还有屏蔽外界干扰的作用。此外，线管还有美化环境的作用。

**1. 塑料线管**

塑料线管一般贴墙敷设，即用管卡固定在墙面上（图 2—1—1）。

**2. 金属电线管（图 2—1—2）**

常用的金属线管分为不锈钢电线管（图 2—1—2）和镀锌电线管（图 2—1—3）两种。

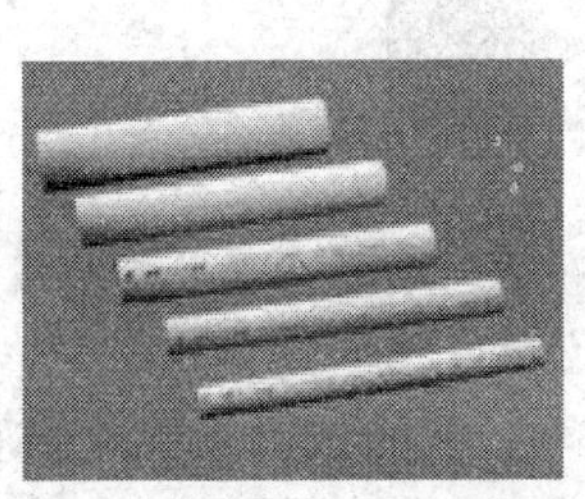

图 2—1—1　一组塑料线管

图 2—1—2　不锈钢电线管

金属电线管的安装方法有两种：一种安装固定在墙里面，用细钢丝绑扎固定；另一种是安装在墙面上，用支架和吊架或马鞍卡子固定。

图 2—1—3　镀锌电线管

## 二、附件

常用附件有固定类附件、支撑类附件和连接类附件等。

**1. 固定类附件**

其主要是指各种膨胀管（图 2—1—4）和膨胀螺栓（图 2—1—5）。

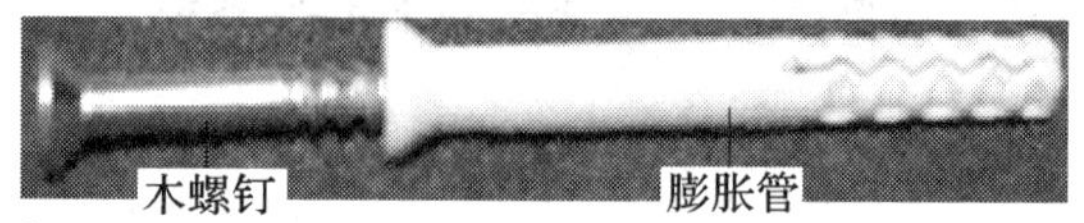


图 2—1—4　膨胀管（主要用于塑料线管管卡的固定）

**2. 支撑类附件**

其主要是指各种各样的管卡（图 2—1—6 至图 2—1—9）。

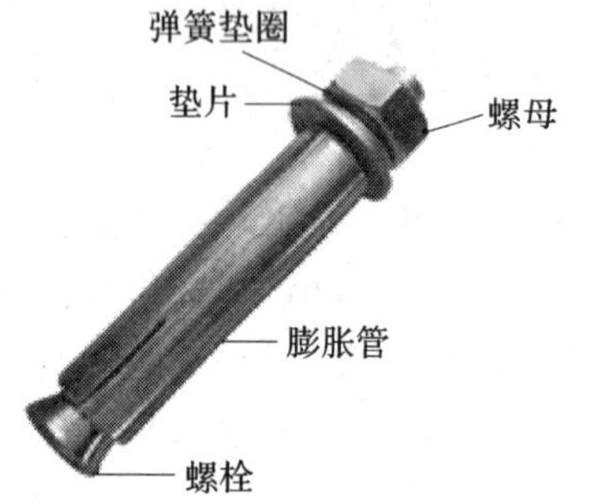


图 2—1—5　膨胀螺栓

图 2—1—6　塑料管卡

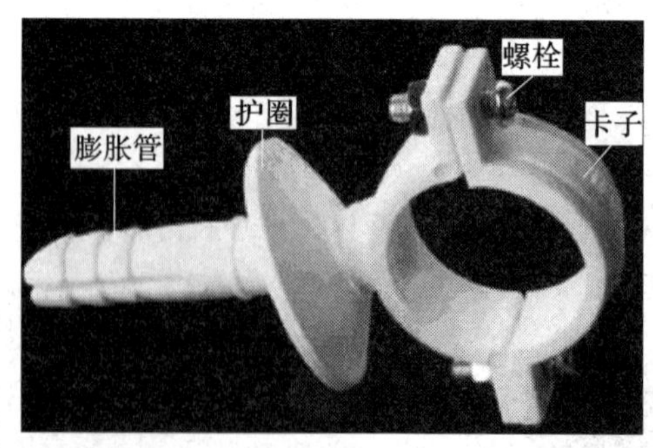


图 2—1—7　塑料（吊装）管卡

**3. 连接类附件（图 2—1—10 至图 2—1—12）**

连接类附件主有直通、弯通、三通及终端封头等。其中，塑料线管用塑料直通、塑料三通及塑料封头；金属线管用金属直通、金属三通及金属封头。

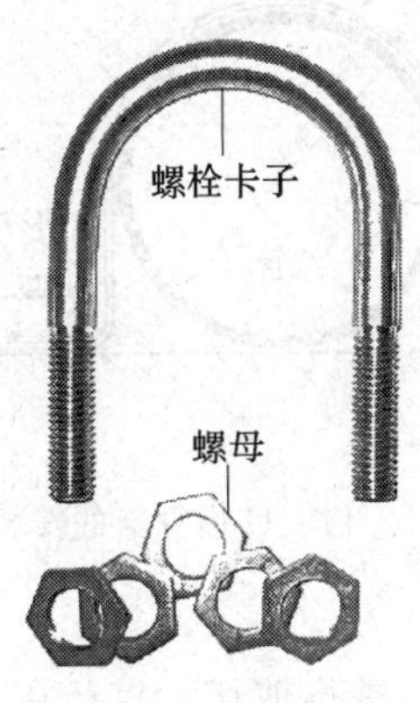


图 2—1—8　螺栓管卡

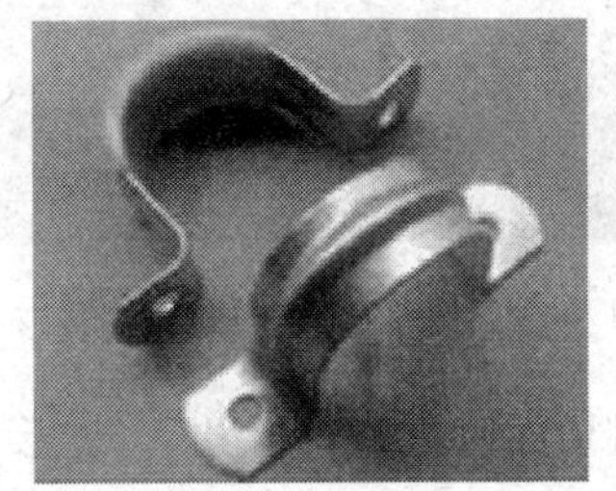

图 2—1—9　U 形管卡

图 2—1—10　塑料直通

图 2—1—11　金属三通

图 2—1—12　金属直通

## 三、塑料线管的安装步骤和方法

### 1. 塑料线管的安装步骤

塑料线管的安装步骤如下：

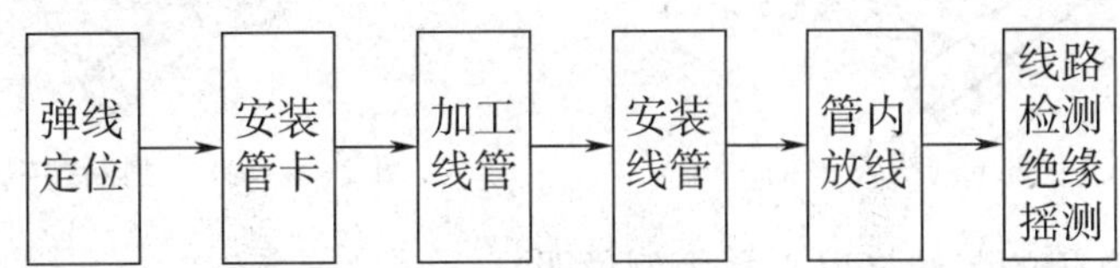


### 2. 塑料线管的基本操作

(1) 管卡的安装

1) 塑料管卡的安装（图 2—1—13）

①按设计图确定进户线、接线盒、配电箱等设备的确切固定位置，以它们为始、末点，利用粉线袋弹出线管的中心安装位置。

②在弹线上用铅笔画出管卡安装位置，并用电钻钻孔。

③在孔内放入塑料膨胀管，将管卡贴墙放好，用木螺钉将管卡固定在墙面上。

2) U 形管卡的安装（图 2—1—14）

①按设计图的要求将膨胀螺栓预埋在砖墙内。

②将管线贴墙敷设，套上 U 形管卡后，再用螺母固定紧。

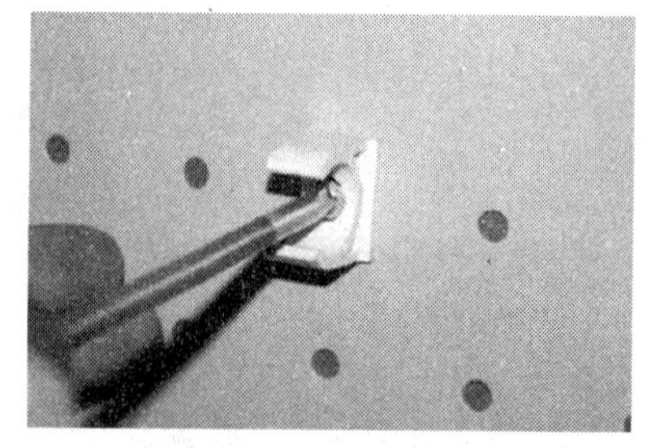

图 2—1—13　塑料管卡的安装

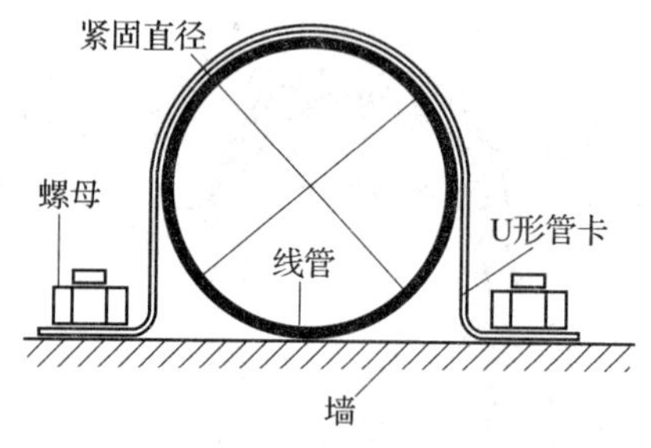


图 2—1—14　U 形管卡的安装

（2）塑料线管的切断（切断、连接和弯管都是线管加工）

直径在 20 mm 以下的线管一般用割管器（图 2—1—15）进行剪切；直径在 20 mm 以上的线管一般用钢锯锯断，并用钢锉锉平管口的毛刺。

1）根据建筑物的实际情况，量好长度，在要切割的塑料线槽上用铅笔划线。

2）打开割管器刀口，将塑料线管放入刀口里（图 2—1—16）。

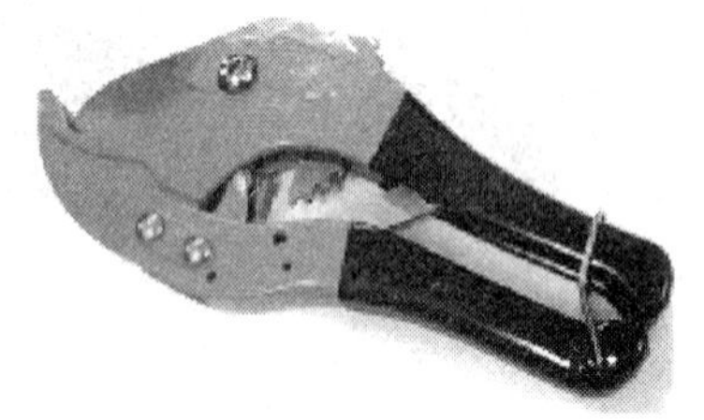

图 2—1—15　PVC 管子割刀（割管器）

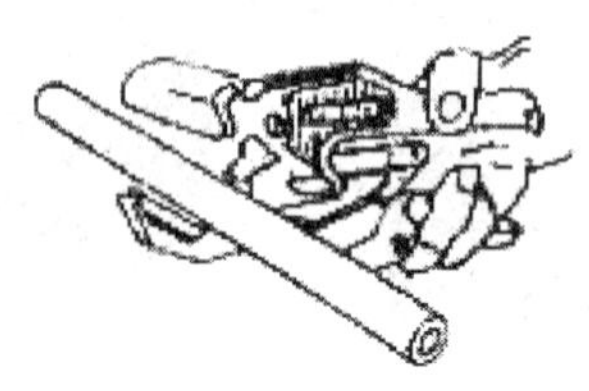

图 2—1—16　将塑料管放入刀口

3）用力握压割线器手柄（图 2—1—17），直到割断塑料线管（图 2—1—18）。

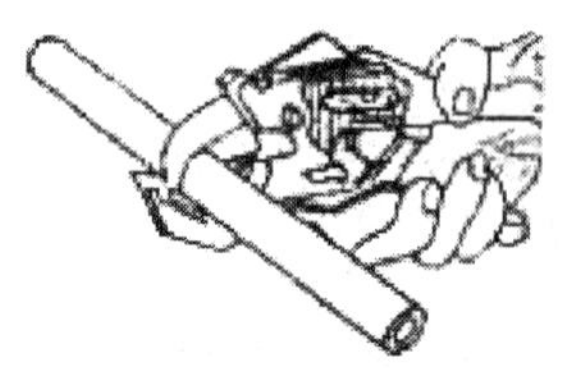

图 2—1—17　握压割线器手柄

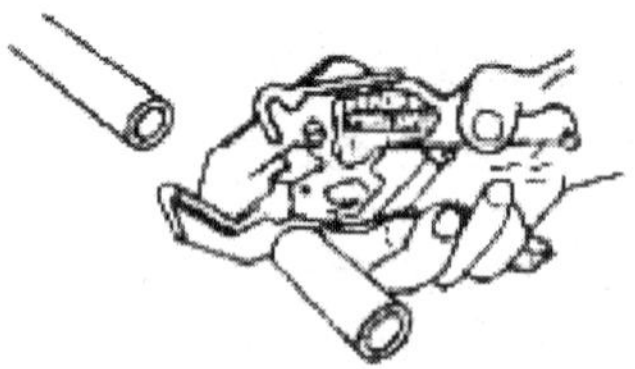

图 2—1—18　割断塑料线管

（3）塑料线管弯角的制作（以直角为例说明）

1）根据建筑物的实际情况量好长度，在要切割的塑料线管上用铅笔划线。

2）将连有牵引线的拉力器弹簧放入塑料线管有划线的地方（图 2—1—19）。

3）找一个支点，用力握压塑料线管，即可制作弯角（图 2—1—20）。

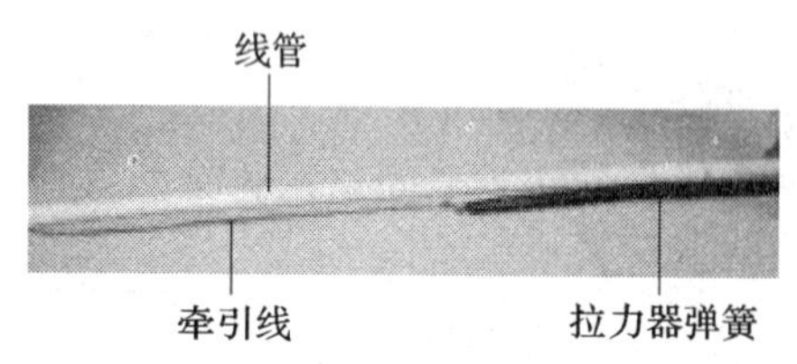


图 2—1—19　放置拉力器弹簧

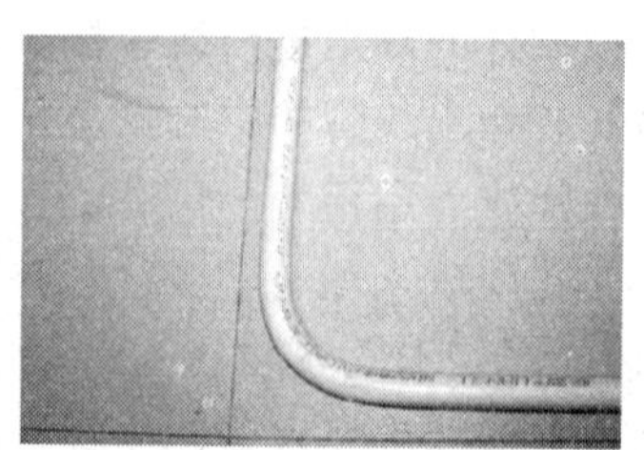

图 2—1—20　握压塑料线管

（4）塑料线管的连接

1）安装前首先要清除被连接管端的灰尘。

2）在两线管的连接端和塑料直通内壁用小毛刷分别刷上专用的管胶水，要均匀、不漏刷、不流坠，刷好后晾至半干。

3）将两塑料线管迅速平稳地插入塑料直通内，各插入塑料直通 1/2 深度（图 2—1—21）。

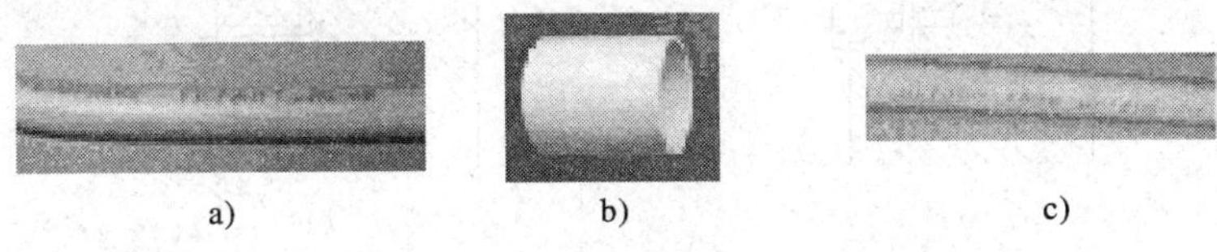

a)　　b)　　c)

图 2—1—21　塑料线管和直通

a）线管 1　b）直通　c）线管 2

4）胶水阴干后，即完成了塑料管线的连接。

（5）塑料线管的穿线

1）将要穿管的导（数据）线捆绑（或者用胶布粘贴）在牵引线上（图 2—1—22）。

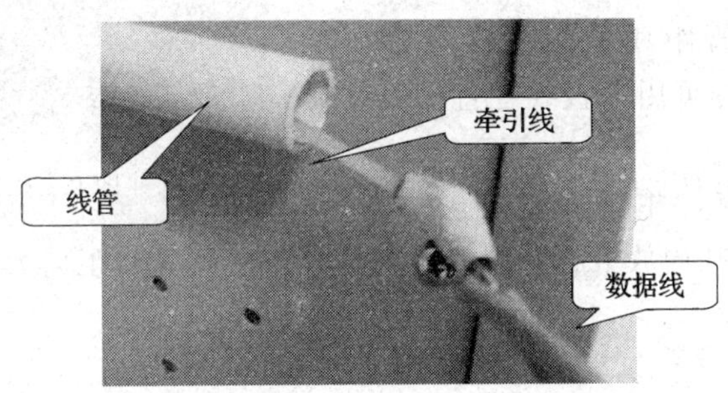


图 2—1—22　捆绑数据线

2）将牵引线穿过线管。

3）拖拽牵引线，让导（数据）线穿过线管（图 2—1—23）。

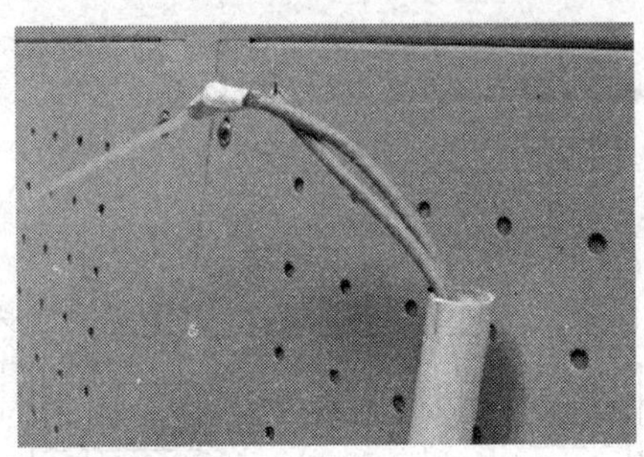

图 2—2—23　完成的穿线

**3. 塑料线管的安装工艺要求**

塑料线管安装方式有暗配线和明配线两种。

（1）暗配线的安装工艺要求

暗配线采用和土建施工一起的预埋方式施工的，线管埋入建筑物墙里，美观整洁。图 2—1—24 为暗配线和接线盒（图 2—1—25）的安装示意图。

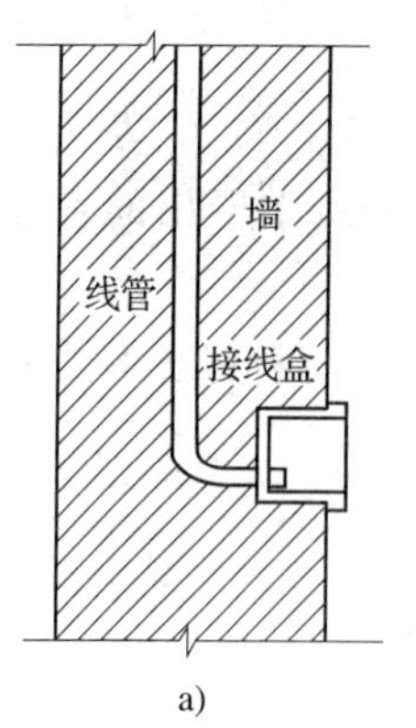


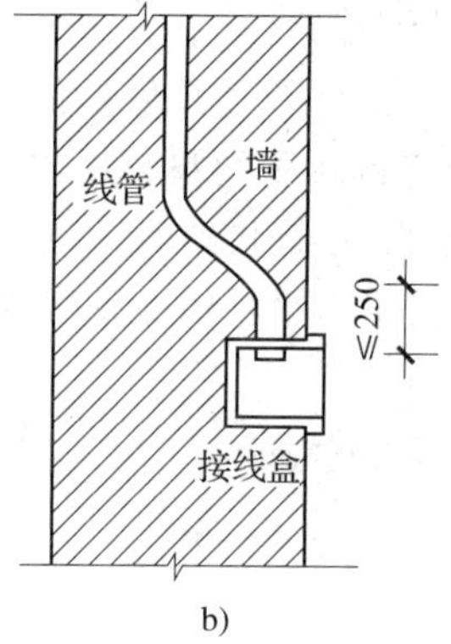


图 2—1—24　安装示意图

a）90°弯　b）鸭脖弯

(2) 明配线的安装工艺要求

1）线管的选择。所选线管的内径一般应为线缆直径的 1.5～2 倍。

2）弹线定位

①水平安装的线管距离地面高度不应小于 1.8 m，装设开关的地方可用垂直线管直接安装到开关。

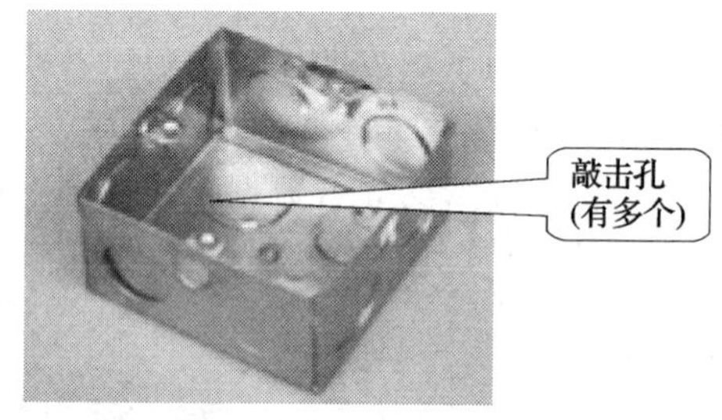


图 2—1—25　接线盒

②弹线要横平竖直，并确定安装孔的位置，然后用电钻钻孔，并在孔内放上膨胀螺栓。两相邻安装孔之间距离为 0.5～1 m，应使所有安装孔之间的距离均匀。

(3) 安装补偿装置

为了防止基础下沉不均或管子的热胀冷缩而损坏线管和导线，需要在变形缝的旁边装设补偿装置（此处为塑料软管，见图 2—1—26）。

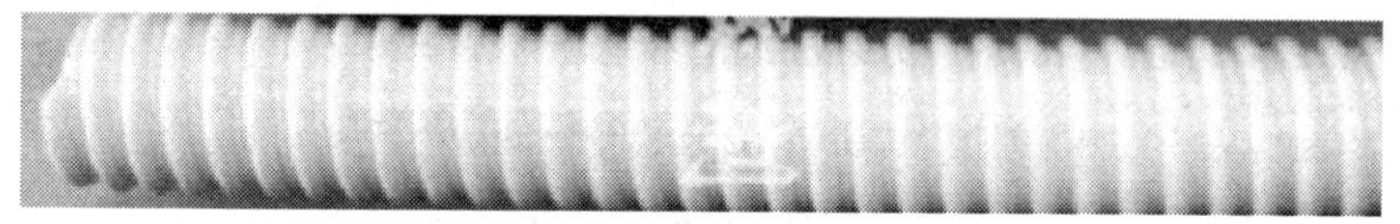

图 2—1—26　塑料软管（塑料波纹管）

一般在硬塑料线管直线部分每隔 30 m 要加装一个补偿装置（图 2—1—27）。

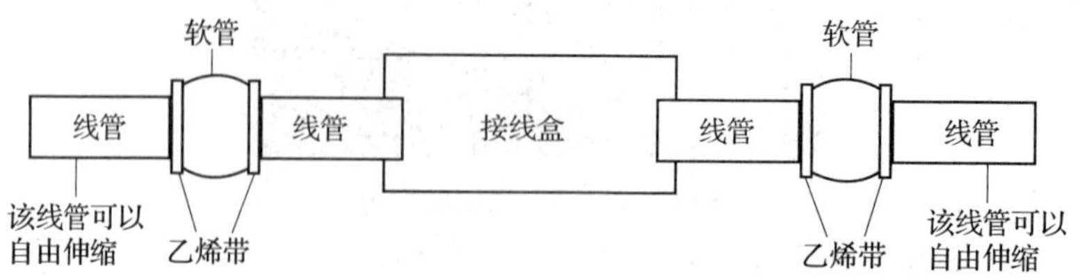


图 2—1—27　补偿装置

**4. 注意事项**

(1) 为了穿、拉线方便，当线管遇下列情况之一时，中间应增设接线盒或拉线盒：

1）管子长度每超过 30 m，无弯曲时。

2）管子长度每超过 20 m，有一个弯曲时。

3）管子长度每超过 15 m，有两个弯曲时。

4）管子长度每超过 8 m，有三个弯曲时。

（2）为了克服导线自重带来的危害，导线垂直安装时遇到下列情况之一，应增设一个拉线盒：

1）管内导线截面积 50 $mm^2$ 及以下，长度每超过 30 m。

2）管内导线截面积 50～95 $mm^2$，长度每超过 20 m。

3）管内导线截面积 95～240 $mm^2$，长度每超过 18 m。

（3）明配线管应排列整齐，固定点的距离应均匀；管卡与终端、转弯终点、弱电设备或接线盒边缘的距离为 150～500 mm。

（4）明配线硬塑料管在穿过楼板时应用钢管保护，其保护高度距楼面不应低于500 mm。

（5）电力线与数据线平行明敷时，其净距离不小于 150 mm；交叉净距离不小于50 mm。

## 四、金属线管的安装步骤和方法

### 1. 金属线管的安装步骤

金属线管的安装步骤如下：

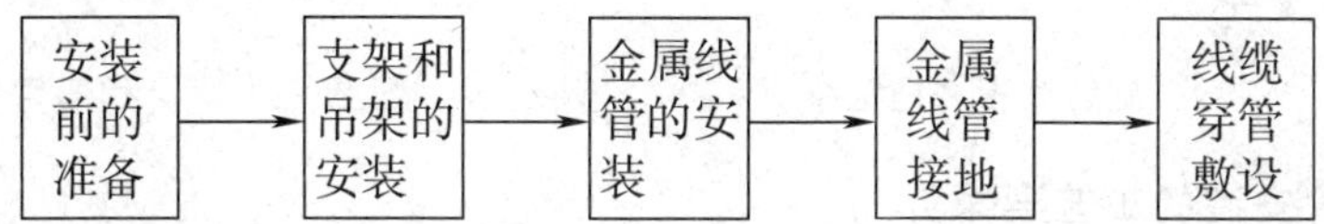


### 2. 金属线管基本操作

（1）金属线管的防腐处理

金属线管无论是明敷还是暗敷都需要在表面上涂刷工业灰漆。

（2）金属线管的切割

1）确定需要金属线管的长度，并用铅笔做标记。

2）将金属线管一端固定在台钳上，另一端用左手扶着，右手持钢锯来回锯割。

3）将要锯断时，退出锯条，并用力扳动线管，直到扳断为止。

4）清理管口的毛刺。

（3）金属线管的套螺纹

1）将金属线管固定在台钳上。

2）将管子套螺纹铰板口（图 2—1—28）对准金属线管，并平推进去。

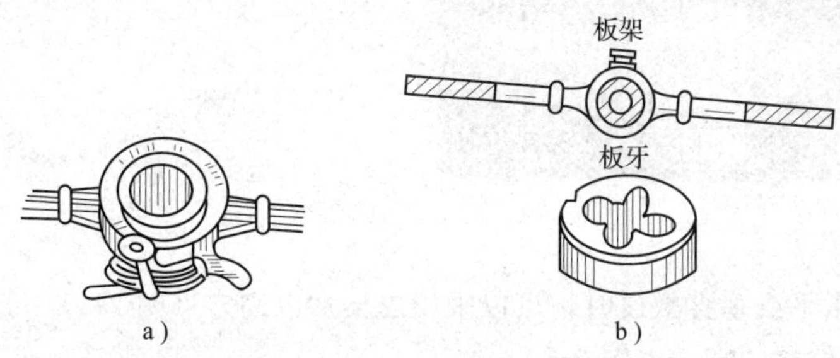


图 2—1—28　铰板及其主要部件

a）管子套螺纹铰板　b）铰板主要部件

3）两手握着铰板手柄部分，一边旋转，一边向里推（图 2—1—29）。

4）套完螺纹后，应即时清理管口的毛刺，保持管口的光滑。

5）金属线管与拉线盒、配电箱连接处的螺纹长度不应小于管外径的 1.5 倍，金属线管与金属线管连接处的螺纹长度不应小于管接头长度的 1/2 再加 2～4 个螺纹。

（4）用弯管器弯管

1）选择弯管器的尺寸。

2）把弯管器套在管子需要弯曲的部分，用脚踩住管子。

3）扳动弯管器手柄，加一定的力，使管子略有弯曲，然后逐渐向后移动弯管器。

4）不断重复前面的动作，直到管子弯成所需的角度（图 2—1—30）。

图 2—1—29　旋转铰板并向里推进

图 2—1—30　用弯管器弯管

**3. 金属线管安装的工艺要求**

（1）施工准备

到施工现场对施工图进行复测，根据复测结果提出备料计划。具体步骤如下：

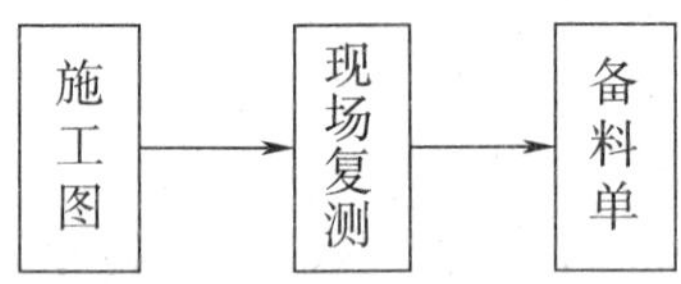


（2）支架和吊架的安装

1）敷设单根线管时，可以直接敷设在墙、顶、梁、柱上，一般采用 U 形管卡固定或支架安装（图 2—1—31、图 2—1—32）。

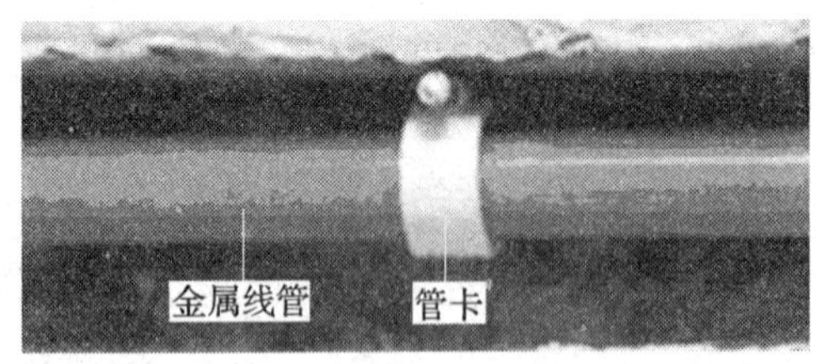


图 2—1—31　管卡安装

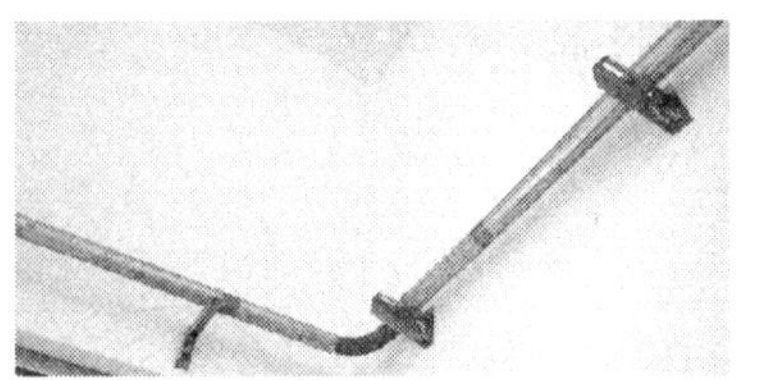

图 2—1—32　支架安装

2）多根线管水平或垂直敷设时，可以采用支架加以固定（图 2—1—33）。

（3）变形缝补偿器的安装（图 2—1—34）

此处将金属软管略弯一定的弧度，以便基础下沉时，可借助软管的弹性伸缩。

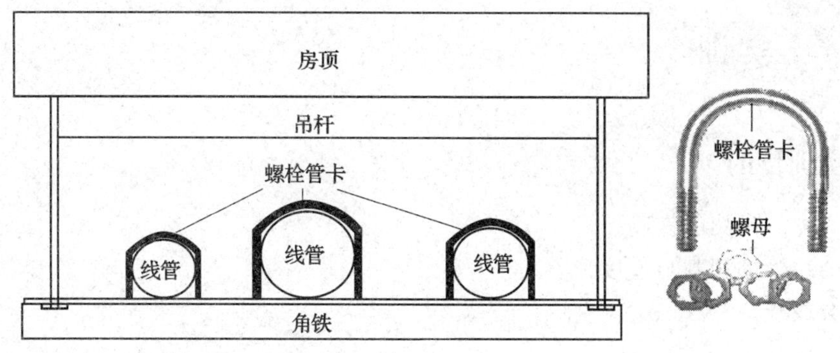

图 2—1—33　多根线管水平敷设

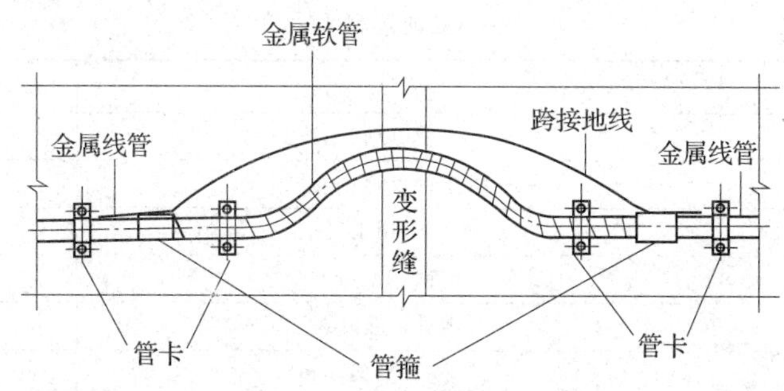

图 2—1—34　变形缝补偿器的安装

（4）金属线管的接地方法

在线管上所有的连接点处均采用裸软铜线作为跨接地线，并在线管上采用多次重复接地（图 2—1—35）。

（5）金属线管与接线盒、控制箱等的连接

金属线管与接线盒一般采用螺纹连接，且钢管一般深入接线盒 2～4 个螺纹（图 2—1—36）。

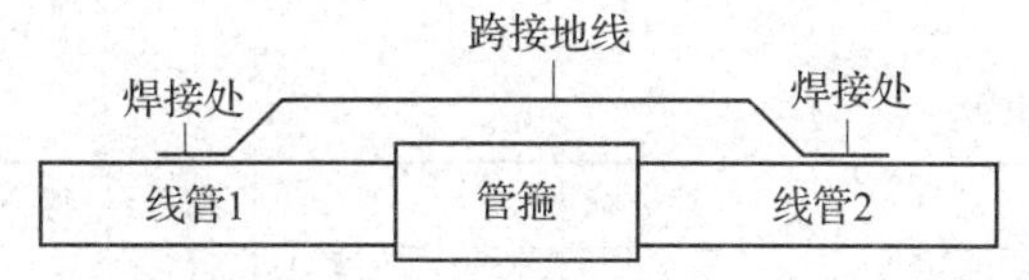

图 2—1—35　金属线管跨接接地

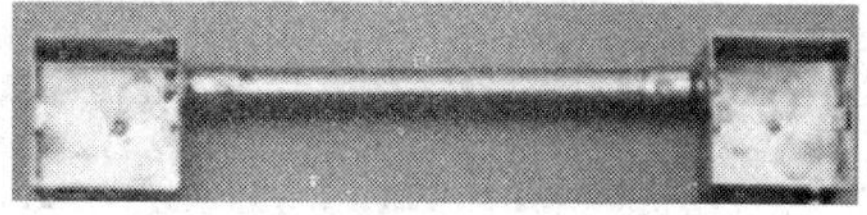
图 2—1—36　金属线管与接线盒的连接

**4. 注意事项**

（1）钢线管内、外均应刷防腐漆，管表面再刷灰色漆（或按设计指定颜色）；镀锌金属线管镀锌层要保持完好，如果镀锌层剥落，也应刷防腐漆。

（2）所有线口在穿入电线、电缆后，应做密封处理。

（3）暗敷时，埋管壁厚不得小于 2 mm，埋入深度不得小于 0.7 cm。

## 一、实训目的

1. 学会支、吊架的安装。
2. 学会线管的切割与连接。
3. 学会放线。

## 二、实训器材（表 2—1—1）

表 2—1—1　　实训器材

| 序号 | 名称 | 数量 |
|---|---|---|
| 1 | 手电钻 | 1 把 |
| 2 | 粉线盒、铅笔、卷尺 | 1 套 |
| 3 | 电工常用工具 | 1 套 |
| 4 | 钢锯、锯条 | 1 套 |
| 5 | 万用表、兆欧表 | 各 1 块 |
| 6 | 支、吊架 | 3 个 |
| 7 | 线管（塑料、金属）、附件、登高工具 | 1 批 |

## 三、实训内容

1. 在训练墙壁上安装一段塑料线管并串线。
2. 在训练墙壁上安装支架和吊架。
3. 金属线管连接训练。
4. 用仪表测量线路连接情况和绝缘电阻。

## 四、评分标准（表 2—1—2）

表 2—1—2　　实训评价

| 内容 | 要求 | 配分 | 评分标准 | 扣分 | 得分 |
|---|---|---|---|---|---|
| 安装过程 | 1. 能正确绘制管路走向的中心线<br>2. 能正确确定管卡、支架的位置<br>3. 打孔和打榫操作正确<br>4. 锯管、弯管操作规范<br>5. 管道之间、管道与箱体之间连接操作规范<br>6. 接地操作规范并能满足要求 | 80 | 1. 管道走向绘制不正确扣 10 分<br>2. 管卡、支架定位不准确，每处扣 3 分<br>3. 打孔和打榫操作不正确，每处扣 3 分<br>4. 锯管、弯管不到位，每处扣 5 分<br>5. 连接操作不规范，每处扣 3 分<br>6. 接地操作不规范或不能满足要求，扣 10 分 | | |

续表

| 内容 | 要求 | 配分 | 评分标准 | 扣分 | 得分 |
|---|---|---|---|---|---|
| 评测 | 由教师完成 | 20 | 1. 每违反一项规定，扣 3 分<br>2. 发生安全事故，按 0 分处理 | | |

# 课题二　线槽的安装

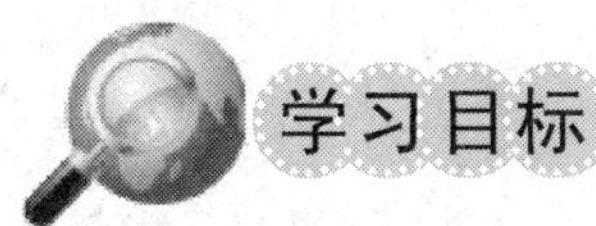


1. 了解塑料线槽和金属线槽的安装步骤和方法，熟悉注意事项。
2. 会进行塑料线槽和金属线槽的安装。

线槽安装是综合布线系统中的一项主要工作，主要用于建筑物子系统、干线子系统的布线，通常线槽中放置的是各种电缆、通信电缆和光缆等线缆，这样可以起到保护线缆和美化环境等多重作用。线槽一般采用明装方式（多用于旧建筑的改造），通常有塑料线槽和金属线槽两类。下面介绍常用的线槽和附件。

## 一、线槽

线槽一般由槽底和槽盖两部分组成。

**1. 塑料线槽（图 2—2—1）**

一般贴墙敷设，即用膨胀螺钉将槽底固定在墙面上。

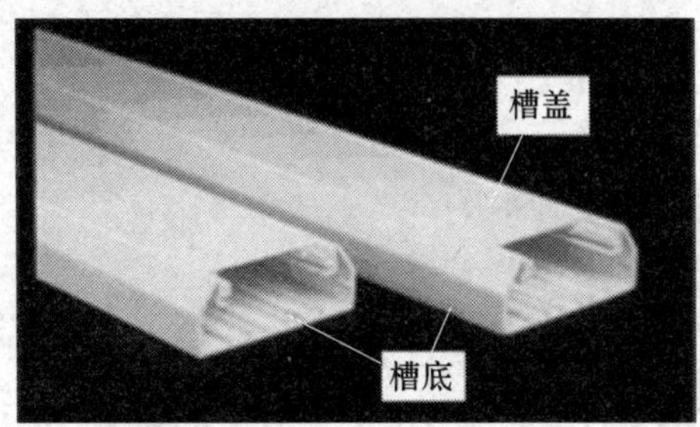


图 2—2—1　塑料线槽

**2. 金属线槽**

一般是沿墙敷设，即先安装支架或吊架，然后再将金属线槽放置在支架（或吊架）上。

金属线槽分为金属全封闭线槽（图 2—2—2）及金属桥架。其中，金属全封闭线槽具有防腐蚀性好和能屏蔽干扰等优点，主要用于直径较小且电缆数量较多的电力电缆。金属梯形线槽（桥架，图 2—2—3）具有透气性好，散热便捷等特点，主要用于直径较大的电缆，特别适用于高、低压动力电缆的敷设。

图 2—2—2　金属全封闭线槽

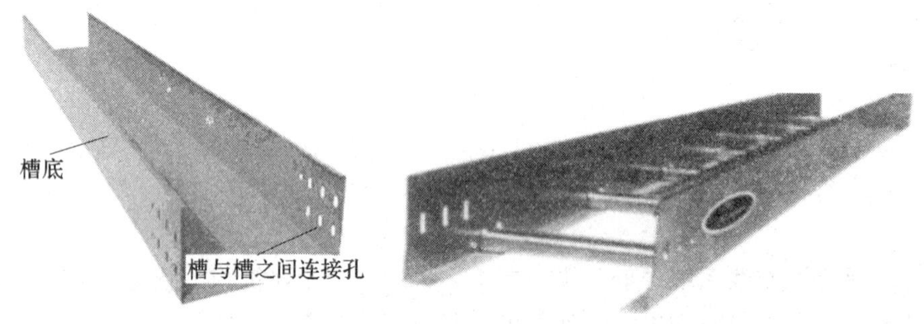

图 2—2—3　金属桥架（前面的是普通桥架、后面的是梯形桥架）

## 二、附件

常用附件有固定类附件、支撑类附件和连接类附件等。塑料线槽用塑料直通、塑料三通及塑料封头；金属线槽用金属直通、金属三通及金属封头。

**1. 固定类附件**

固定类附件主要是指各种膨胀管（见课题 1 的图 2—1—4）和膨胀螺栓（见课题 1 的图 2—1—5）。

**2. 支撑类附件**

支撑类附件主要有支架（图 2—2—4）和吊架（图 2—2—5）两种。

图 2—2—4　支架和托臂（在托臂上固定线槽）

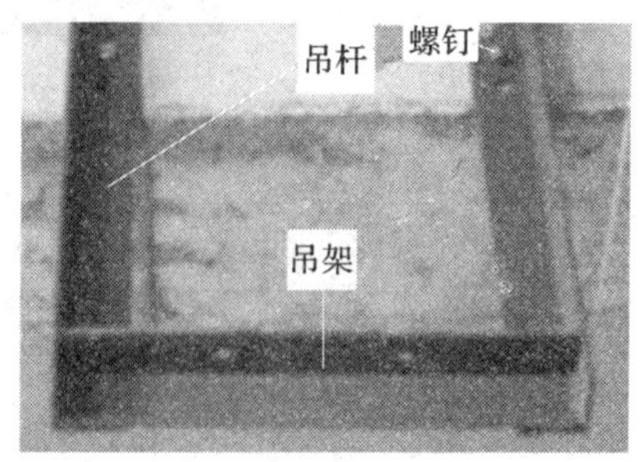

图 2—2—5　吊架与线槽

### 3. 连接类附件

连接类附件有直通、弯通、三通和终端封头等（图 2—2—6 至图 2—2—9）。

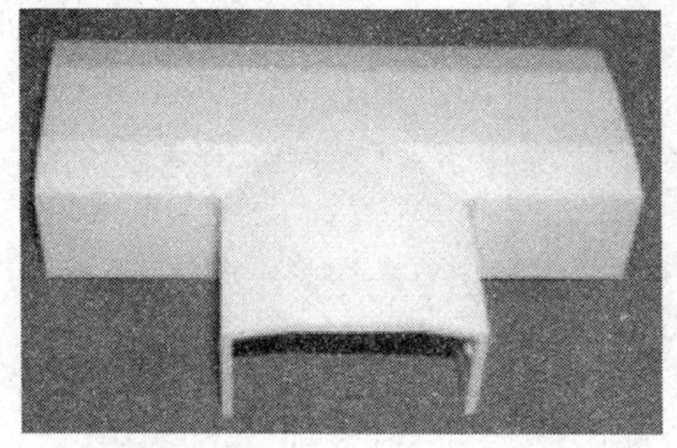

图 2—2—6　塑料三通（用于线槽分支处）

图 2—2—7　塑料终端封头（用于线槽末端）

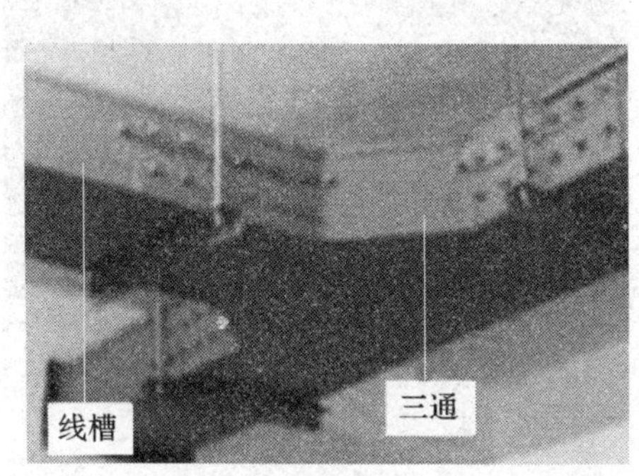


图 2—2—8　金属三通与桥架连接

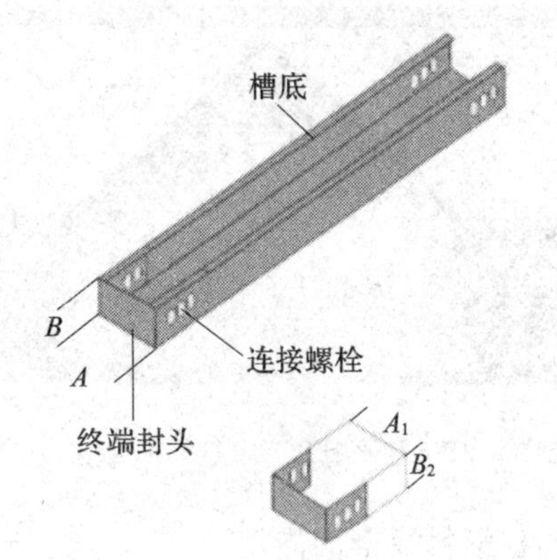


图 2—2—9　金属终端封头与线槽连接

## 三、塑料线槽的安装步骤和方法

### 1. 塑料线槽的安装步骤

塑料线槽的安装步骤如下：

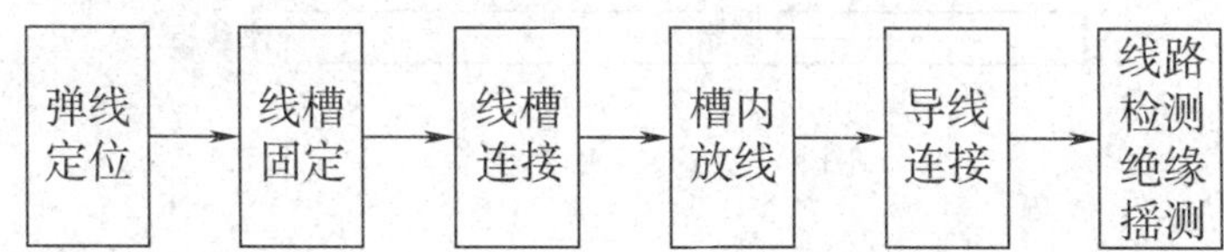


### 2. 塑料线槽的基本操作

（1）塑料线槽的切断

1）根据建筑物的实际情况，量好长度，在要切割的塑料线槽上用铅笔划线。

2）用钢锯沿线将塑料线槽锯断（或用电工刀或美工刀沿线反复锯割）。

（2）塑料线槽弯角的制作（以直角为例说明）

1）根据建筑物的实际情况，量好长度，在要切割的塑料线槽上用铅笔划线。

2）用钢尺划等边直角三角形（图 2—2—10）。

3）用电工刀具沿线反复划切，将多余部分切去（图 2—2—11）。

4）沿中心线将塑料线槽弯成直角（图 2—2—12）。

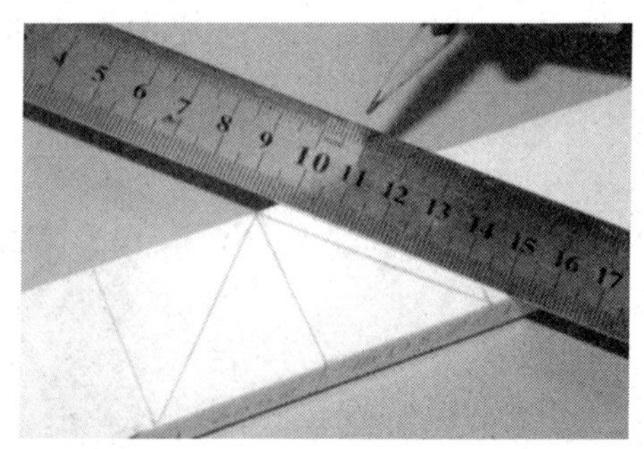

图 2—2—10　划等边直角三角形

图 2—2—11　切除多余部分

图 2—2—12　将塑料线槽弯成直角

（3）塑料线槽的固定

1）先找到塑料线槽的始端和终端（一般由进户点、接线箱盒决定），找好水平线或垂直线，用粉线袋在线路中心弹线。

2）确定固定点的位置（图 2—2—13、图 2—2—14）。直线段：①板宽 20～40 mm，固定点单列，最大间距 800 mm。②板宽 60 mm，固定点双列，最大间距 1 000 mm。③板宽 80～120 mm，固定点双列，最大间距 800 mm。

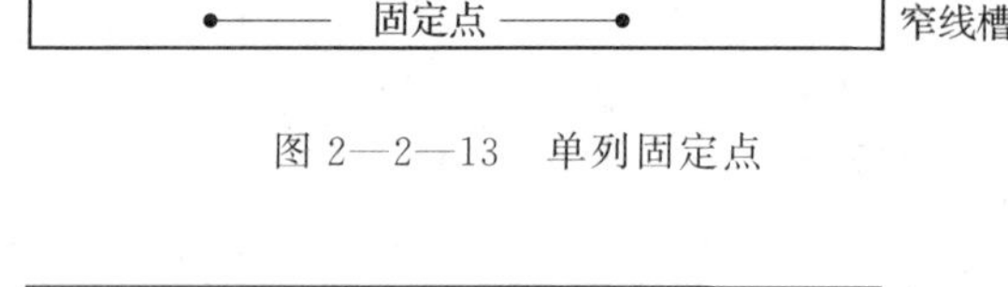


图 2—2—13　单列固定点

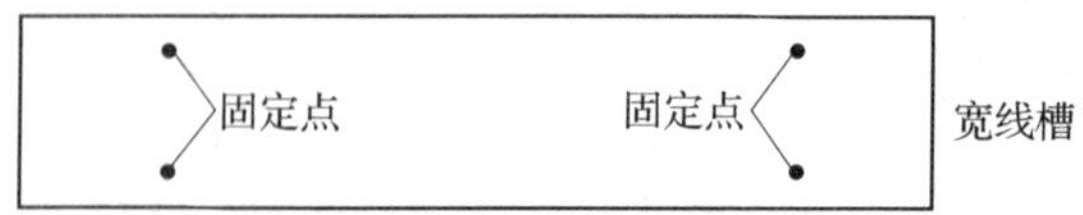


图 2—2—14　双列固定点

3）在画好的固定点位置上钻孔，在钻好的孔中埋入塑料膨胀螺管（或预埋螺栓），如图 2—2—15 所示。

4）将塑料线槽的底板贴墙放好，用木螺钉旋入墙上的塑料膨胀管，将底板固定好。

5）上好盖板。

**3. 塑料线槽的安装工艺要求**

(1) 弹线定位

1) 水平安装的线槽距离地面高度不应小于 1.8 m，装设开关的地方可用垂直线槽直接安装到开关。

2) 弹线要横平竖直，确定安装孔的位置，然后，用电钻钻孔，在孔内放上膨胀螺栓。

(2) 线槽连接

1) 线槽连接处应严密平整、无缝隙。

2) 槽底、槽盖的连接缝应错开。

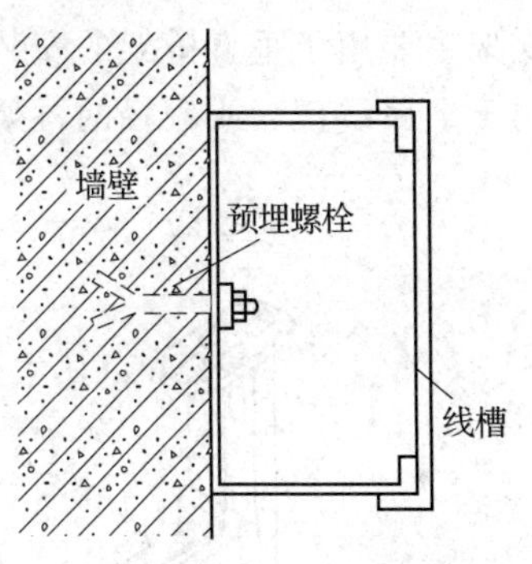


图 2—2—15 线槽固定

(3) 槽内放线

1) 槽内布线线芯最小截面积要求：铜线为 1.0 $mm^2$，铝线 2.5 $mm^2$。每 3～5 m 用塑料绑扎线绑扎一次。

2) 放线步骤。

放线步骤如下：

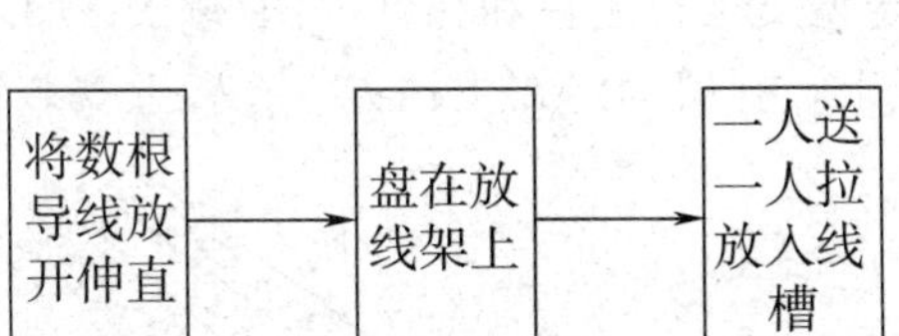


3) 线槽内不允许有导线连接头。

**4. 注意事项**

(1) 导线间与导线对地间的绝缘电阻必须大于 1 MΩ。

(2) 直线段盖板接口和槽底接口必须错开，其间距不小于 100 mm。

(3) 线路过梁、柱、墙和楼板时，导线上必须加装塑料软管做保护；跨越建筑物变形缝时，线槽必须断开。

(4) 放线前应将线槽内灰尘、杂物清理干净。

(5) 同一电压等级的导线可以放在同一线槽内；不同电压等级的导线放在同一线槽内时，应按电压等级分开敷设。

(6) 配线时，应将导线捋顺，捆扎成束。

## 四、金属线槽的安装步骤和方法

**1. 金属线槽或桥架的安装步骤**

金属线槽或桥架的安装步骤如下：

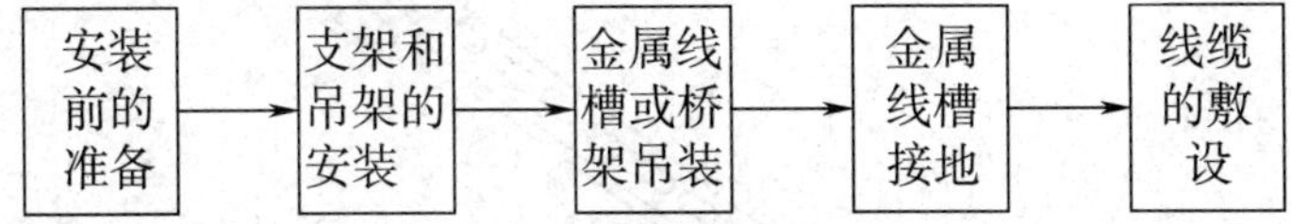


**2. 金属线槽或桥架基本操作**

(1) 支架的安装

常用的支架有定型支架和自制支架两种。定型支架主要用于单层或多层桥架的安装（图 2—2—16、图 2—2—17）。自制支架有“一字”形、“三角”形和“L”形三种。“一字”形支架主要用于垂直桥架的安装，“三角”形支架主要用于水平桥架的安装，“L”形支架主要用于金属线槽（或较轻的桥架）的安装。

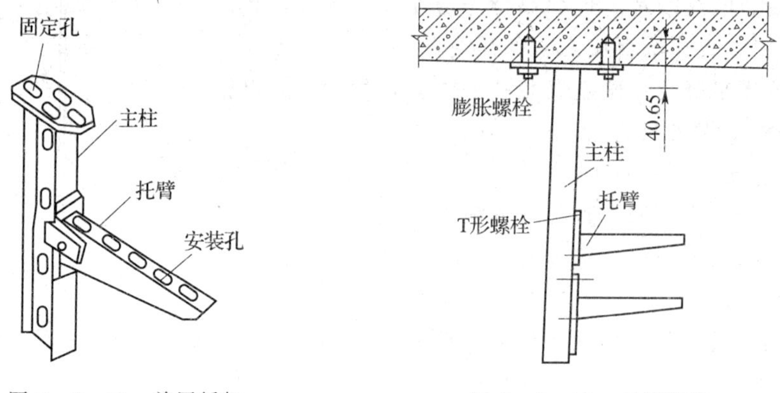


图 2—2—16 单层桥架　　图 2—2—17 多层桥架

1）定型支架的安装。定型支架由主柱和托臂（图 2—2—18）两部分组成。其中，主柱用膨胀螺栓固定在梁或顶板上，托臂固定在主柱上，托臂上安装桥架。

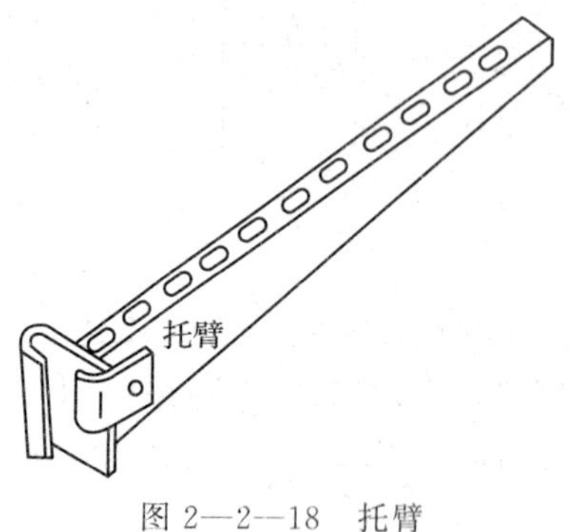


图 2—2—18 托臂

定型支架的安装步骤如下：

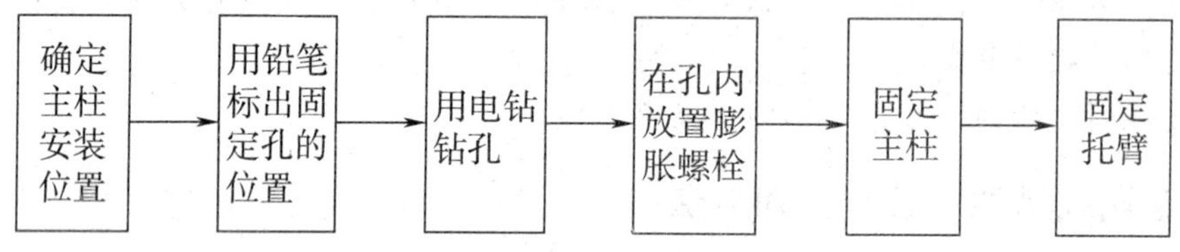


2）自制支架的安装（图 2—2—19、图 2—2—20、图 2—2—21）。

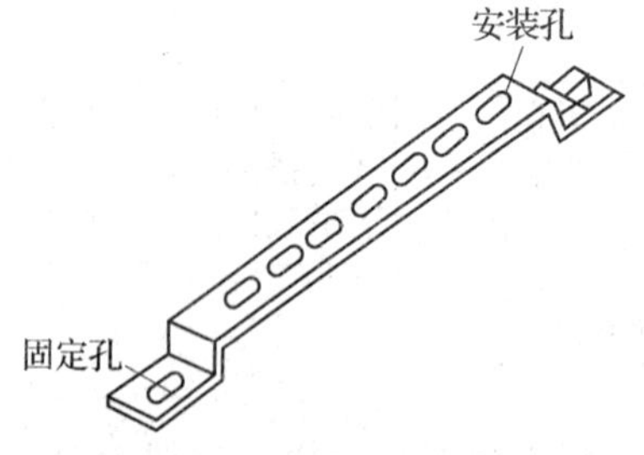


图 2—2—19 “一字”形支架（通过固定孔将支架安装在墙上）

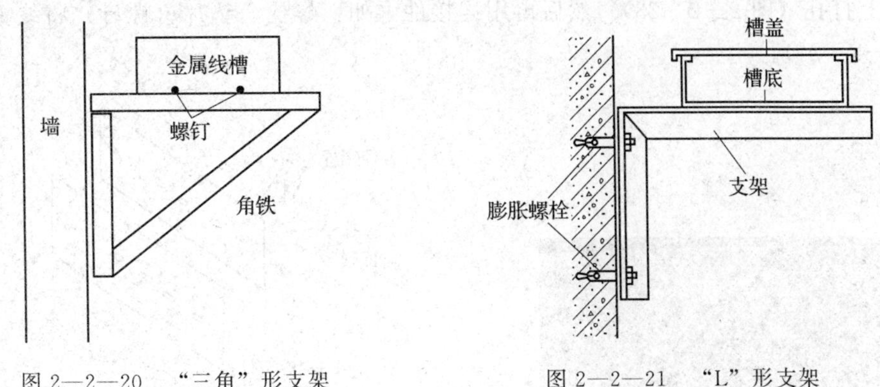


图 2—2—20 “三角”形支架　　　　图 2—2—21 “L”形支架

自制支架的安装步骤如下：

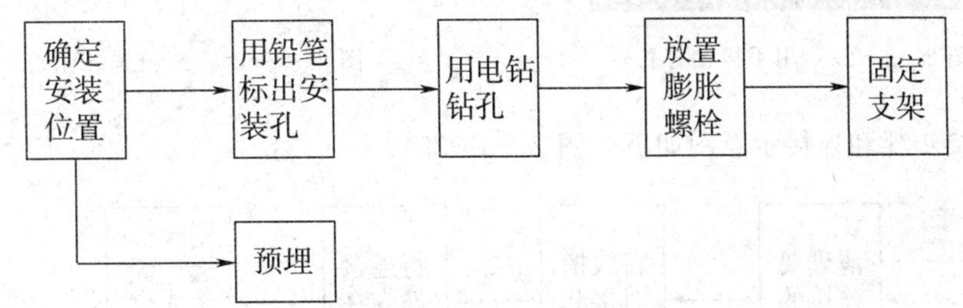


(2) 吊架的安装

吊架可以是单层（图 2—2—22）也可以是多层。吊杆一般采用 $\phi 8$ mm 的圆钢。

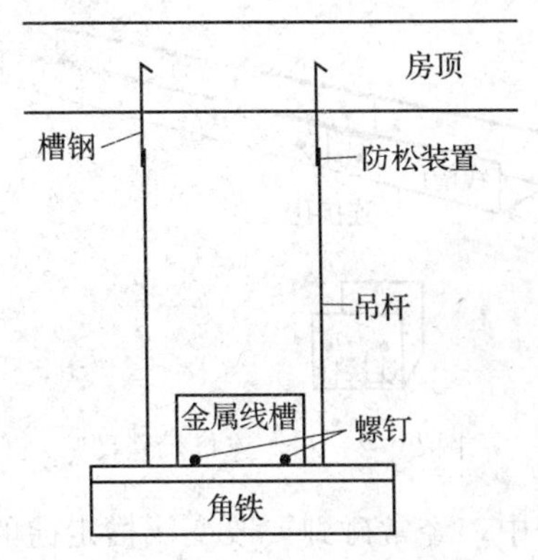


图 2—2—22 单层吊架

吊架的安装步骤如下：

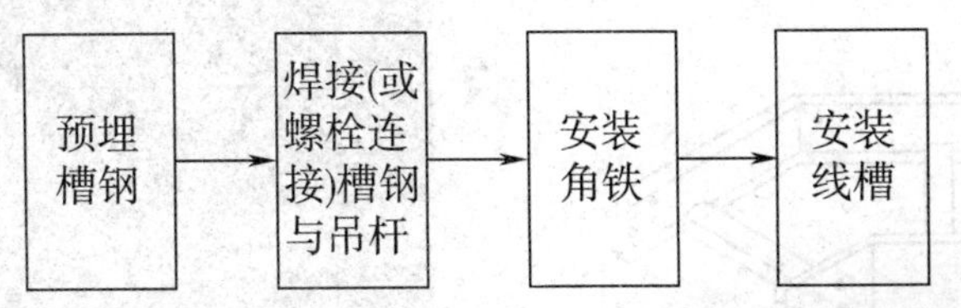


(3) 线槽或桥架的连接

1）直线段连接。当线槽不够长时，就要将两个或多个线槽连接在一起。首先，用手枪钻在线槽上打孔（图 2—2—23）。然后再用连接件（如：螺栓、垫片、螺母）将线槽连接起来（图 2—2—24）。

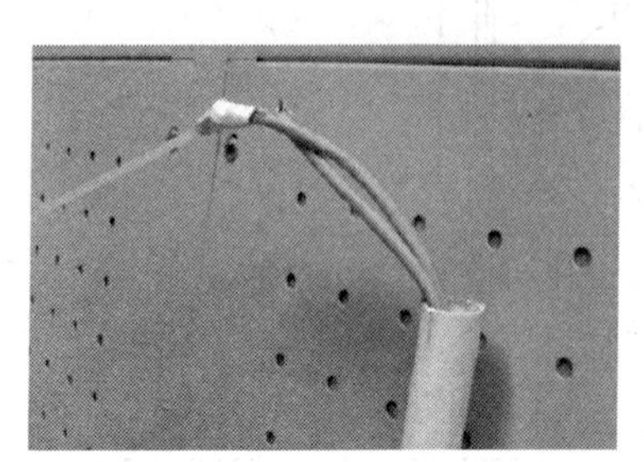

图 2—2—23 用手枪钻打孔

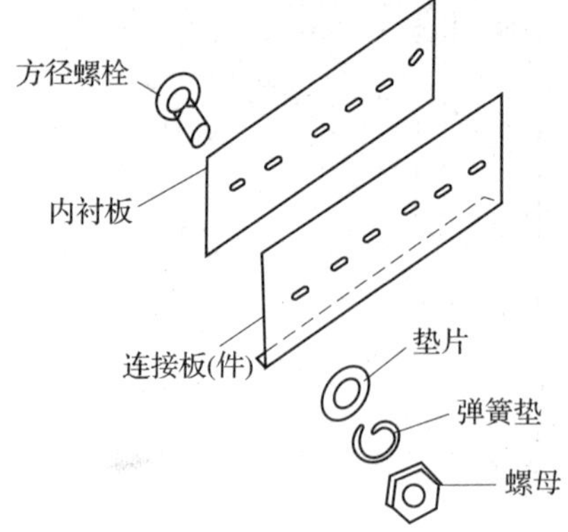


图 2—2—24 线槽连接附件

线槽连接步骤和连接示意图如下（图 2—2—25）：

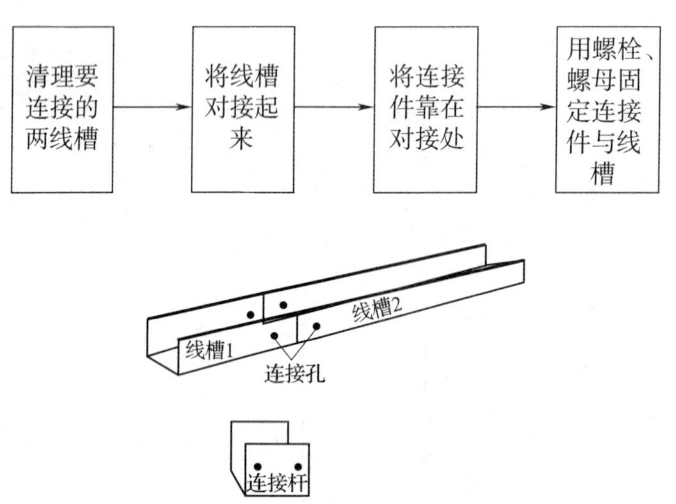


图 2—2—25 连接示意图

2）转弯连接。在实际工程中，经常碰到要改变线槽走向的情况（即要转角）。因此，掌握转角连接显得十分重要。转角连接件和连接示意图如图 2—2—26 和图 2—2—27 所示。

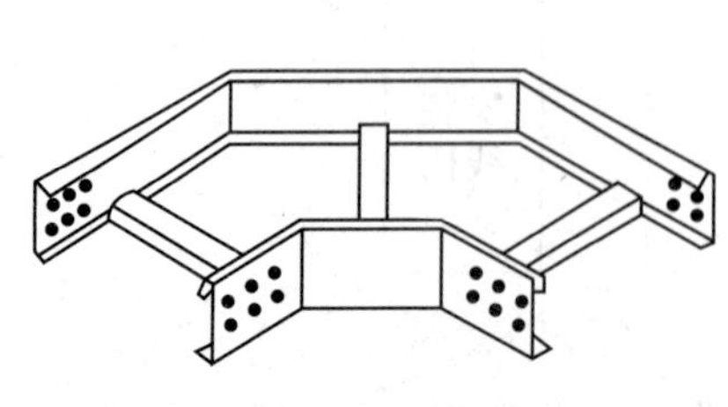

图 2—2—26 转角连接件

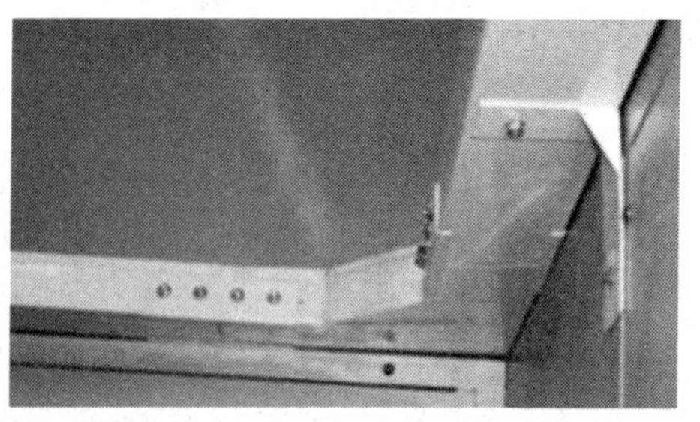

图 2—2—27 转角连接示意图

转角连接步骤如下：

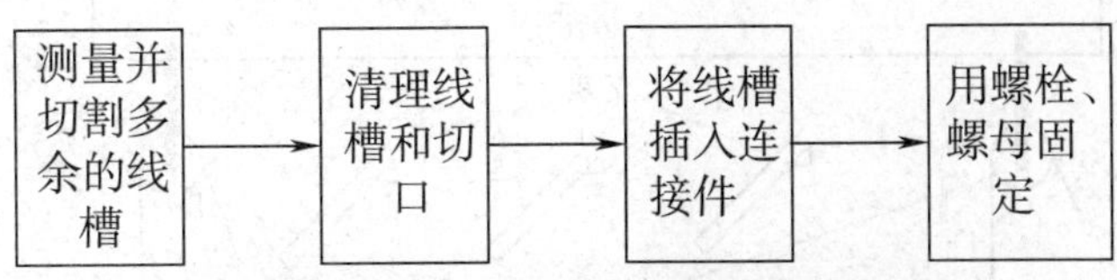


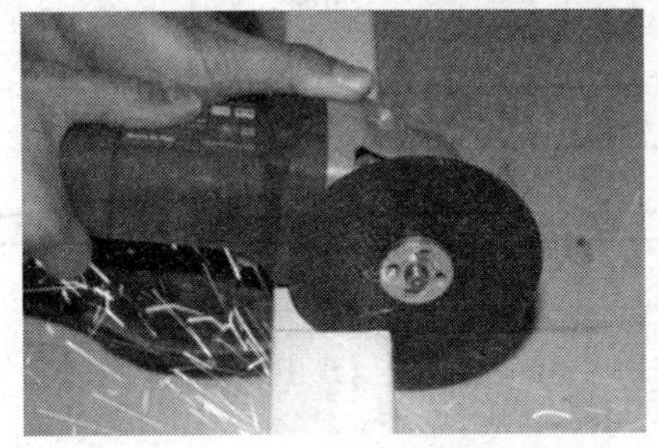

图 2—2—28　线槽切割

**3. 金属线槽或桥架的安装工艺要求**

（1）施工准备

到施工现场对施工图进行复测，根据复测结果提出备料计划。具体步骤如下：

（2）支架和吊架的安装（图 2—2—29）

支架和吊架有定型支架（由厂家提供）及自制支架和吊架（现场制作）两种。支架一般由槽钢、角钢等型钢制作而成；自制吊架一般由吊杆（直径 8 mm 的圆钢）和承载板（角钢）制作而成。

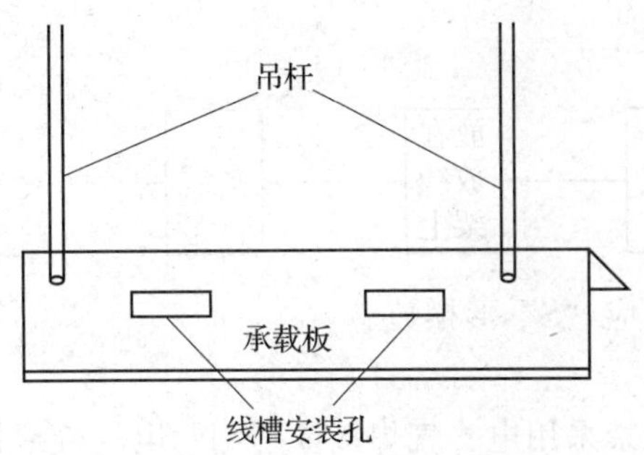


图 2—2—29　支架和吊架的安装

（3）金属线槽或桥架的吊装方法

先在地面上将线槽二、三相连，其次，在房梁或屋架上安装两个定滑轮，最后，用滑轮将连接在一起的线槽吊装在支架上并固定（图 2—2—30）。

（4）金属线槽接地方法

金属线槽接地有两种形式：一种是在线槽或桥架上所有的连接点处均采用 16 $mm^2$ 裸软铜线作为跨接地线（图 2—2—31），在线槽或桥架上采用多次重复接地。

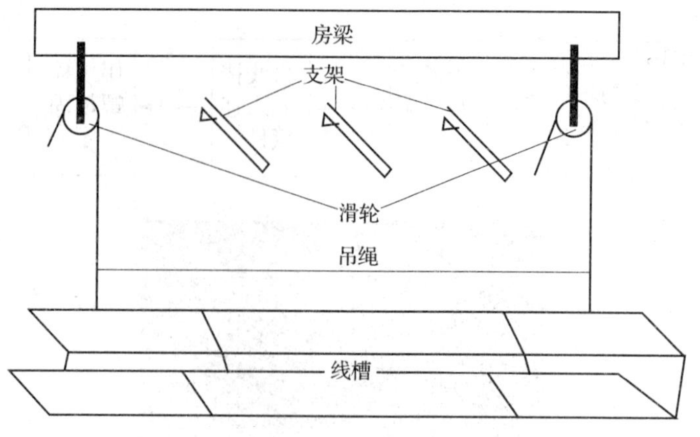


图 2—2—30　金属线槽或桥架吊装方法

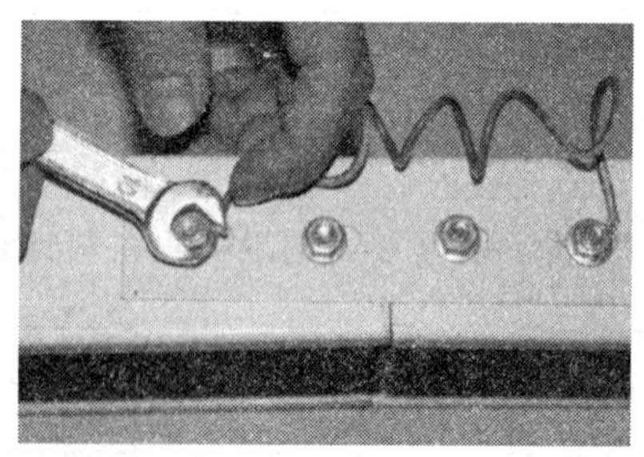

图 2—2—31　跨接地线

另一种是沿线槽或桥架从头到尾敷设一条 25 mm×4 $mm^2$ 的镀锌扁钢，扁钢与每节线槽、连接点处均用螺栓至少连接一处，最后将扁钢可靠接地。

(5) 敷设电缆方法

敷设步骤如下：

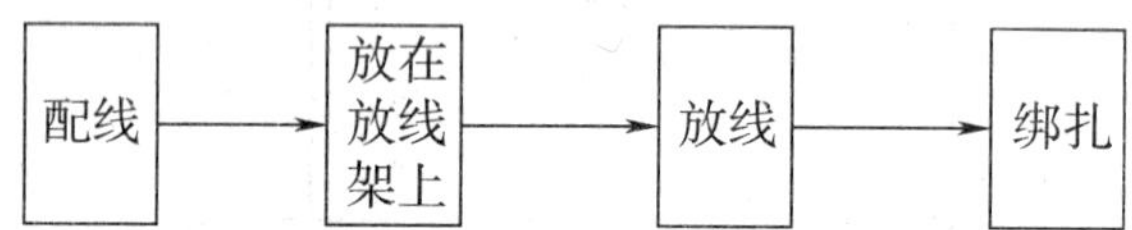


在建筑物伸缩缝处电缆应"S"形摆放。

**4. 注意事项**

(1) 金属线槽或桥架严禁采用电、气焊接或切割，电气接地螺栓应由制造厂家在未喷涂前焊接在每节端部外缘。施工时，应用砂纸磨去螺栓表面的油漆，再进行接地跨接。

(2) 桥架在水平段每 1.5～3 m 设置一个支架或吊架，垂直段每 1～1.5 m 设置一个支架，距离三通、四通、弯头连接处 0.5 m 设置一个支架或吊架。

(3) 桥架经过建筑物伸缩缝时，应断开 100～150 mm 间距，间距两端应进行接地跨接。

## 一、实训目的

1. 学会安装支架和吊架。
2. 学会线槽或桥架的切割与连接。
3. 学会放线。

## 二、实训器材（表 2—2—1）

表 2—2—1　　实训器材

| 序号 | 名称 | 数量 |
|---|---|---|
| 1 | 手电钻 | 1 把 |
| 2 | 粉线盒、铅笔、卷尺 | 1 套 |
| 3 | 电工常用工具 | 1 套 |
| 4 | 钢锯、锯条 | 1 套 |
| 5 | 万用表、兆欧表 | 各 1 块 |
| 6 | 支架和吊架 | 3 个 |
| 7 | 线槽（塑料、金属）、桥架、附件、登高工具 | 1 批 |

## 三、实训内容

1. 在训练墙壁上安装一段塑料线槽并布线。
2. 在训练墙壁上安装支架和吊架。
3. 在支架和吊架上安装线槽或桥架。
4. 金属线槽连接训练。
5. 用仪表测量线路连接情况和绝缘电阻阻值。

## 四、评分标准（表 2—2—2）

表 2—2—2　　实训评价

| 内容 | 要求 | 配分 | 评分标准 | 扣分 | 得分 |
|---|---|---|---|---|---|
| 支架和吊架的安装 | 1. 安装支架和吊架要横平竖直<br>2. 支架和吊架安装距离要符合行业标准<br>3. 安装完成后要打扫卫生 | 35 | 1. 支架和吊架安装不牢每处扣 5 分<br>2. 支架和吊架安装距离不合适每处扣 5 分<br>3. 不打扫卫生扣 10 分 | | |

续表

| 内容 | 要求 | 配分 | 评分标准 | 扣分 | 得分 |
| --- | --- | --- | --- | --- | --- |
| 线槽的安装 | 1. 线槽安装步骤要正确<br>2. 线槽连接处要平整、光滑，接缝要小，连接要牢固<br>3. 变形缝处理要正确<br>4. 金属线槽要有接地线<br>5. 金属桥架吊装方法正确 | 40 | 1. 安装步骤不正确扣5分<br>2. 连接处有毛刺或接缝过大每处扣5分<br>3. 变形缝未作处理扣10分<br>4. 金属线槽未作接地处理或接地不牢每处扣5分<br>5. 桥架吊装方法不正确扣5分 | | |
| 线缆的测量 | 1. 不允许划伤线缆<br>2. 线缆连接处要牢固可靠 | 15 | 1. 用兆欧表测量线缆之间、线缆与线槽之间的绝缘电阻，要达到要求<br>2. 用万用表测量导线连接处的电阻应为零 | | |
| 评测 | 由教师完成 | 10 | 未按安全生产标准操作扣10分 | | |

# 模块三

# 智能楼宇综合布线系统的安装、维护和测试

## 课题一　局域数据网络的组建与测试

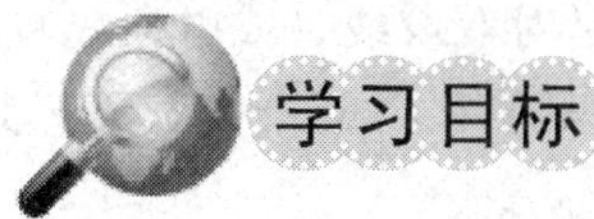


1. 了解数据综合布线系统的结构，熟悉注意事项。
2. 了解交换机、路由器和配线架等的用途和结构。
3. 会用打线钳在模块或配线架上打线。
4. 会用压线钳制作数据跳线并能检测。
5. 会组建局域数据网络。

综合布线与计算机网络系统是智能建筑通信自动化系统的重要组成部分，是建筑物实现内部通信及外部通信的信息通路，是数据、信息交换与处理的重要环节。建筑物内部与外部信息（数据信息、语音信息、闭路电视信息等）的交流与交换，都需通过线缆组成的布线系统来实现。

### 一、常用工具介绍

**1. 缆线端接工具**

（1）打线工具

打线工具一般分为模块打线工具与单对打线工具两种，具体情况如下。

1）模块打线工具。该工具多用于 110 配线（跳线）架、连接模块的卡接，它一次可以端接多条网络电缆的线芯，操作简单，省时省力。模块打线工具最常用的是 5 对 110 打线钳（图 3—1—1）。

2）单对打线工具（图 3—1—2）。其适用于各种模块及配线架的连接作业，每次只能将网络电缆中的某一根线芯打入模块或配线架的线槽内。

3）打线工具使用注意事项

①用手在压线口按照线序把线芯整理好，然后开始压接，压接时必须保证打线钳方向正确，有刀口的一边必须在线端方向，正确压接后，刀口会将多余线芯剪

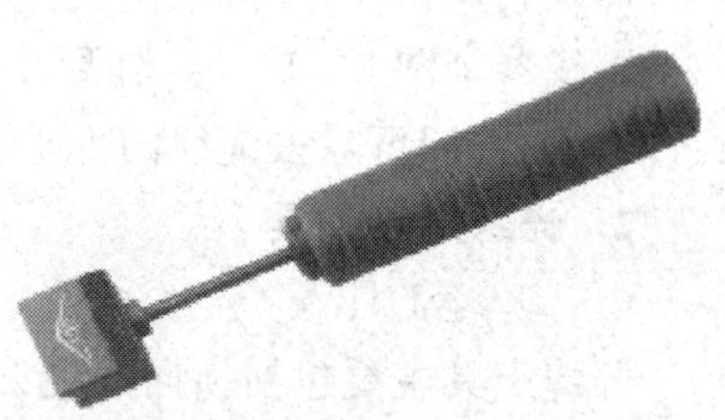
图 3—1—1　5 对 110 打线钳

断。否则，会将要用的网线铜芯剪断或者损伤。

②打线钳必须保证垂直，突然用力向下压，听到“咔嚓”声，配线架中的刀片会划破线芯的外包绝缘外套，与铜线芯接触。

③如果打接时不突然用力，而是均匀用力，不容易一次将线压接好，而且可能出现接触不良状态。

④如果打线钳与模块等不垂直时，容易损坏压线口的塑料芽，而且不容易将线压接好。

（2）压接工具

压接工具主要是完成水晶头与网络电缆线（网线）连接的工具。主要包括双用压接钳（即能制作网线——压接 RJ－45 水晶头；又能制作电话线——压接 RJ－11 水晶头）及单用压接钳（仅能制作网线——压接 RJ－45 水晶头）。

1）双用压接工具（图 3—1—3）。双用压接钳的主要功能是对双绞线（或电话线）的切割、水晶头的压接以及剥离双绞线（或电话线）的外护套等。其适用于 RJ－45、RJ－11 水晶头的压接。

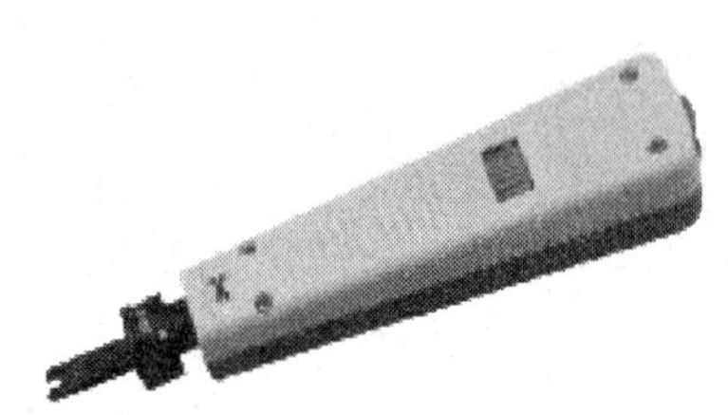

图 3—1—2　单对打线钳

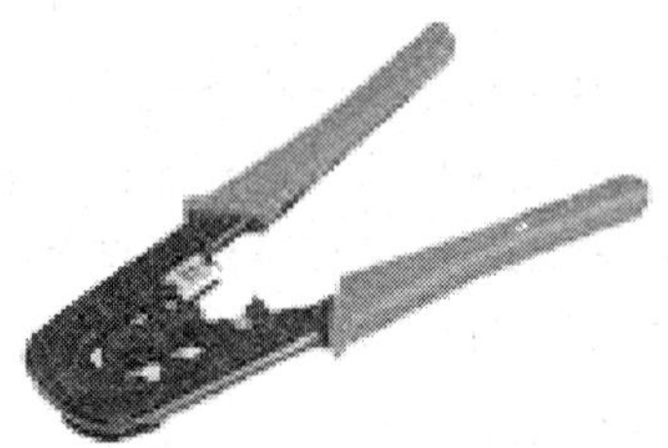

图 3—1—3　双用压线钳

2）单用压接工具（图 3—1—4）。单用压接钳的主要功能是切割双绞线、水晶头的压接以及剥离双绞线的外护套等。适用于 RJ－45 水晶头的压接。

图 3—1—4　单用压线钳

因压线钳针对不同的线材会有不同的规格，在购买时一定要注意选对类型。

（3）剥线器

剥线器（图 3—1—5）外形小巧且简单易用。操作时只需要把线放在相应尺寸的孔内并旋转 3～5 圈即可除去缆线的外护套。

**2. 光纤端接工具**

（1）开缆工具

开缆工具主要包括横向开缆刀、纵向开缆刀、光缆裁缆机等，如图 3—1—6、图 3—1—7 和图 3—1—8 所示。

图 3—1—5　剥线器

图 3—1—6　手动光缆裁缆机

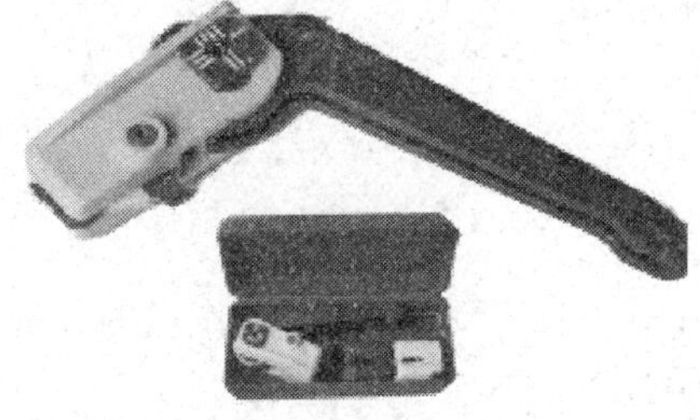

图 3—1—7　纵向开缆刀

图 3—1—8　横向开缆刀

（2）光纤剥离钳（图 3—1—9）

其用于剥离玻璃光纤涂覆层和外护层，主要有单口式与双口式之分。其中，双口光纤剥离钳具有双开口、多功能的特点。其钳刃上的 V 形口用于精确剥离 250 μm、500 μm 的涂覆层和 900 μm 的缓冲层；第二开孔用于剥离 3 mm 的尾纤外护层。所有的切端面都有精密的机械公差以保证干净平滑地操作，不适用时可将刀口锁在关闭状态。

（3）光纤熔接机（图 3—1—10）

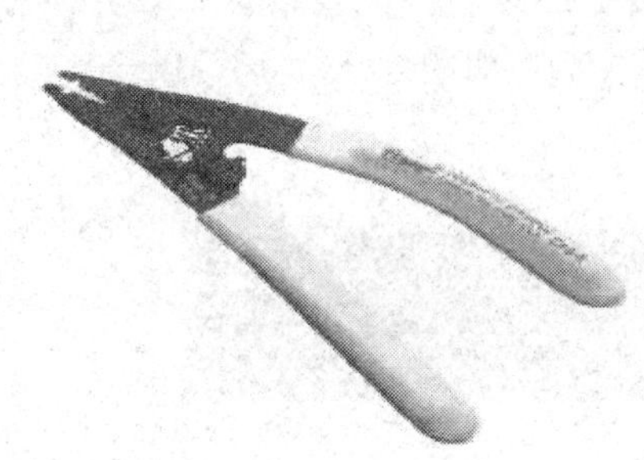

图 3—1—9　光纤剥离钳

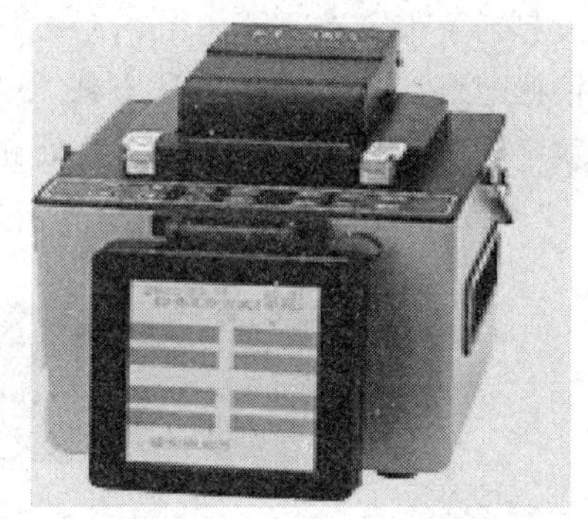

图 3—1—10　光纤熔接机

光纤熔接机主要用于光通信中、光缆的施工和维护。其工作时主要是靠放出电弧将光纤的两头熔化，同时运用准直原理平缓推进，以实现光纤模场的耦合。

为了施工的方便，开发出了手持式光纤熔接机，还有专门用来熔接带状光纤的带状光纤熔接机。

（4）光纤工具箱（图 3—1—11）

其主要适用于通信光缆线路的施工、维护、巡检及抢修等，提供从通信光缆的截断、开剥、清洁以及光纤端面的切割等的工具。

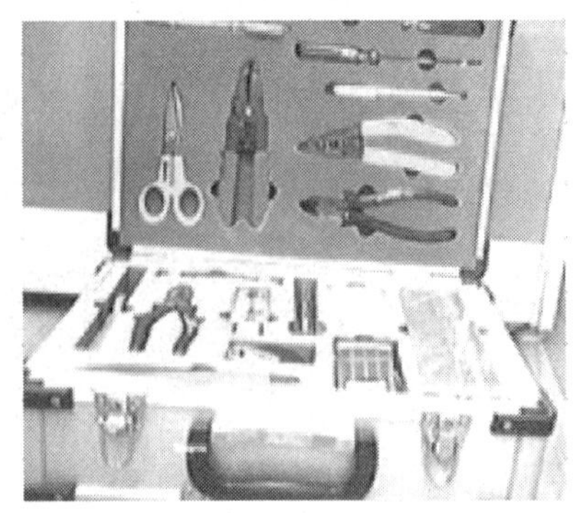
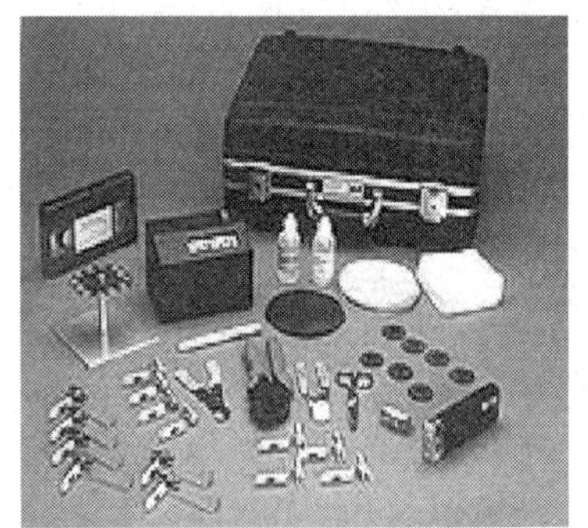

图 3—1—11　光纤工具箱

## 二、常用设备介绍

### 1. 理线架

线缆穿过理线架的理线环敷设，理线架如图 3—1—12 所示。其主要作用为保持机柜内走线的美观及将线材分类排序。

图 3—1—12　理线架

### 2. 配线架

配线设备作为通信网络中使用最普遍的设备之一，其在线路的管理、维护、防护及测试等方面起到了十分重要的作用。

根据配线设备所连接通信电缆（光缆）及传输信号的种类，配线设备一般分为总配线架、数字配线架和光纤配线架。此处介绍的是数字配线架，如图 3—1—13、图 3—1—14 和图 3—1—15 所示。

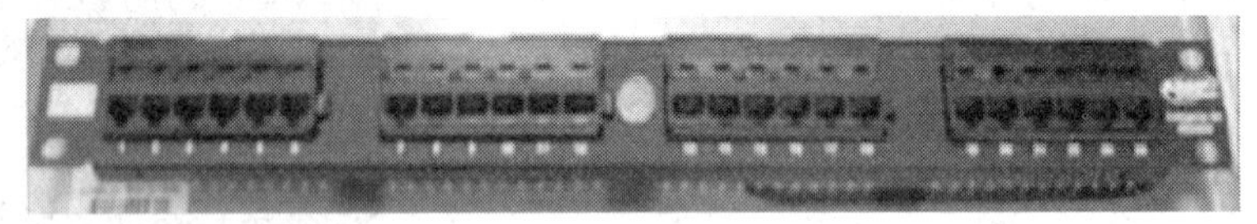

图 3—1—13　配线架正面图

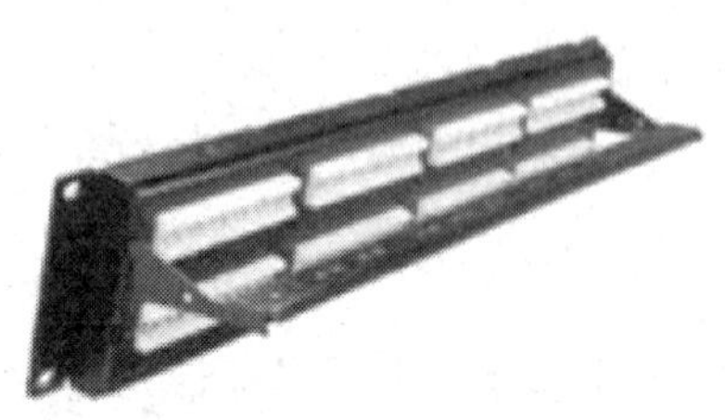

图 3—1—14　配线架背面图

图 3—1—15　配线架背面局部图

**3. 交换机（图 3—1—16、图 3—1—17）**

交换机是一个多端口的网桥，每个端口都有桥接功能，它能在任意一对端口之间转发帧。交换机是数据综合布线系统的一个主要组成部分，其工作原理是在获准信息传输的双方间建立一条实体线路，当传送完成后，此实体线路即被取消，置为空闲状态，以允许另外的信息交换。交换机工作原理图如图 3—1—18 所示。

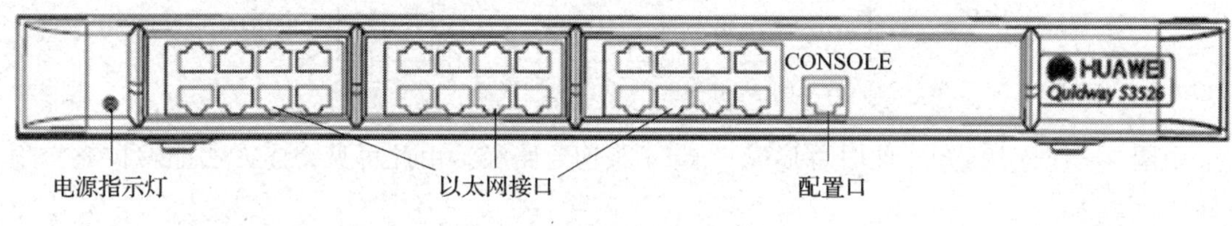


图 3—1—16　交换机正面图

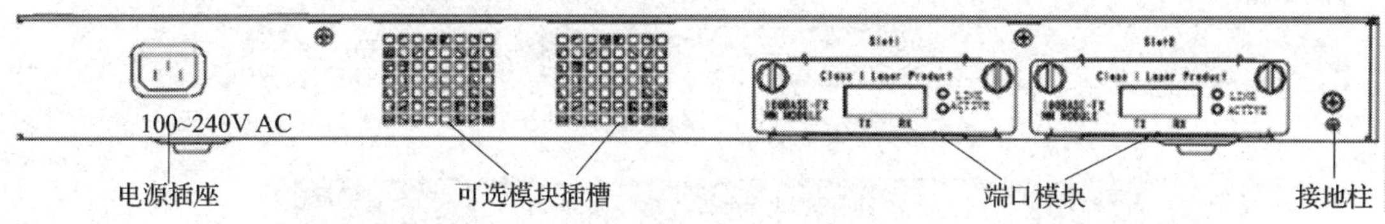


图 3—1—17　交换机背面图

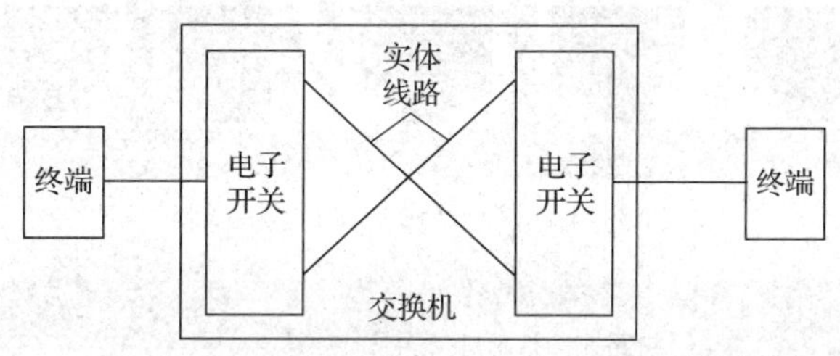


图 3—1—18　交换机工作原理图

交换机一端连接主干网络，另一端连接用户终端。从主干网络到用户终端的连接方式有交连线路与无交连线路两种情况。

（1）交连线路

交连线路是用 RJ－45 数据线将交换器和配线架、配线架和配线架连接起来的电缆电路。

（2）无交连线路

无交连线路是交换机或配线架内部根据连通需要而建立起来的由电子开关组成的连通路径。

（3）无交连线路和有交连线路的区别

1）无交连线路（以 8 路为例说明），如图 3—1—19 所示。

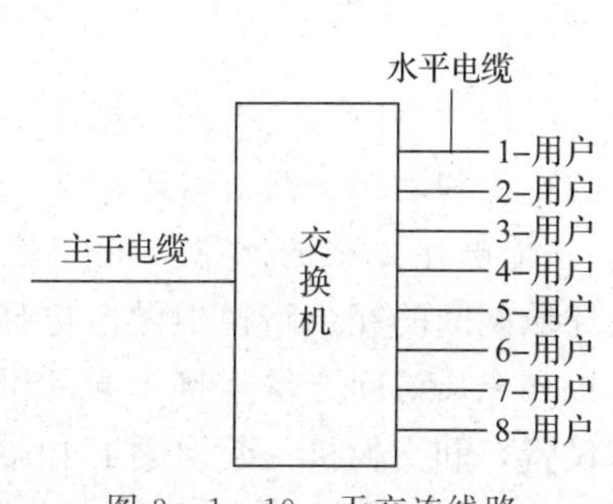


图 3—1—19　无交连线路

由图可知，此时可形成 8 条连通路径。

2）有（单点）交连线路（以 8 路为例说明），如图 3—1—20 所示。

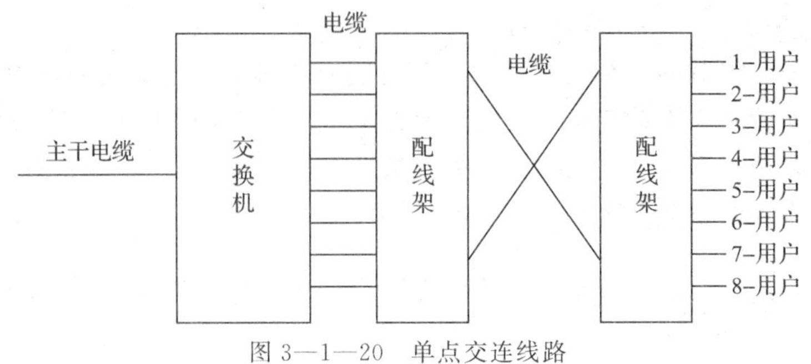


图 3—1—20　单点交连线路

由图 3—1—20 可知，此时可形成 $8^2=64$ 条连通路径。由此可见交连方法能够扩充实物线路。

**4. 路由器（图 3—1—21 至图 3—1—24）**

图 3—1—21　路由器前面板

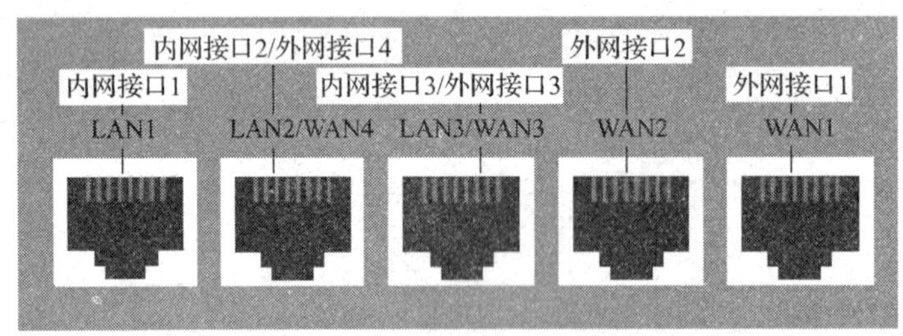


图 3—1—22　路由器接口局部图

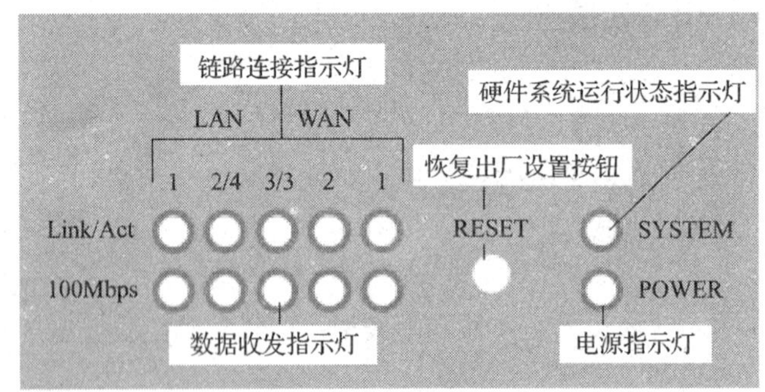


图 3—1—23　路由器指示灯局部图

所谓“路由”是指把数据从一个地方传送到另一个地方的行为和动作。路由器运行在 OSI 协议的第三层（网络层），能够在复杂的网络单元间建立非常灵活的连接，能在局域网间的冗余路径中做出选择，并可用完全不同的数据报和介质访问方法连接不同的网络。它是网络连接的关键设备，和交换机一起构成了 Internet 网的骨架。

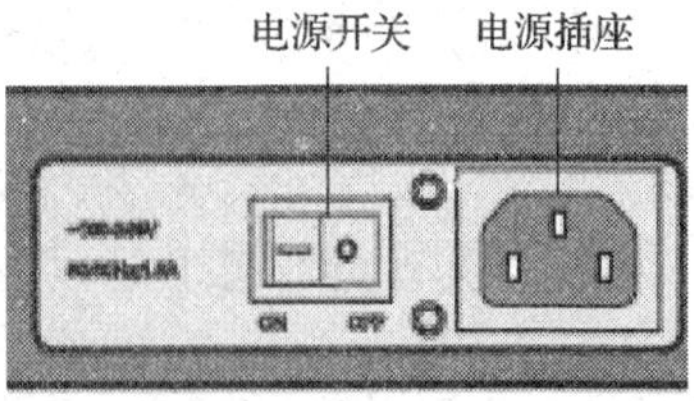

电源开关　电源插座

图 3—1—24　路由器后面板局部图

路由器的地址一般有两层，其形式为：网络号、主机号。

路由器有路由和防火墙两大功能。

## 三、基本操作

### 1. RJ－45 数据跳线的制作

（1）RJ－45 数据跳线制作标准

按照连接器（此处指水晶头或信息模块）的针与数据线（此处指超五类及以上双绞线）的对应关系，国际上一般将数据跳线分为 A 类或 B 类跳线两类。其中，B 类跳线应用更加广泛。

1）A 类跳线。A 类跳线连接的线与针（1～8）之间的对应关系如图 3—1—25 所示。

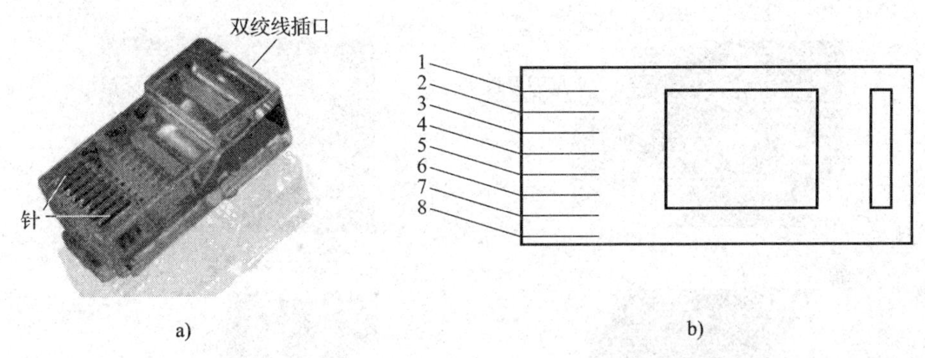


图 3—1—25　A 类跳线连接的线与针之间的对应关系

a）水晶头实物图　b）水晶头上平面图

①A 类跳线水晶头与数据线对应关系：1—白/绿，2—绿，3—白/橙，4—蓝，5—白/蓝，6—橙，7—白/棕，8—棕。

②A 类跳线信息模块与数据线对应关系，如图 3—1—26、图 3—1—27 所示。

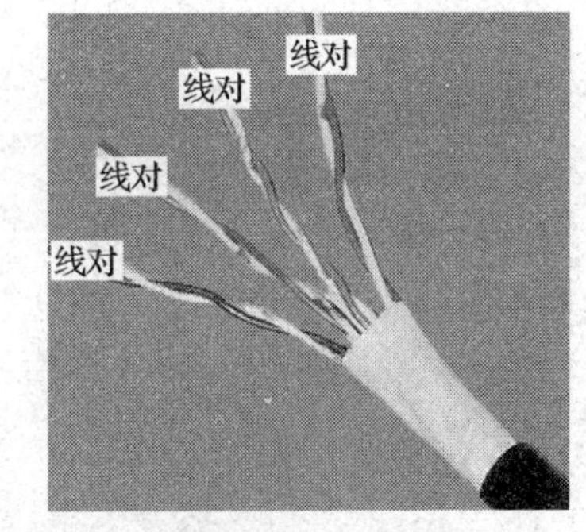


图 3—1—26　数据线与线对（四对）

2）B 类跳线。B 类跳线连接的线与针（1～8）之间的对应关系如下：

①B 类跳线水晶头与数据线对应关系：1—白/橙，2—橙，3—白/绿，4—蓝，5—白/蓝，6—绿，7—白/棕，8—棕。

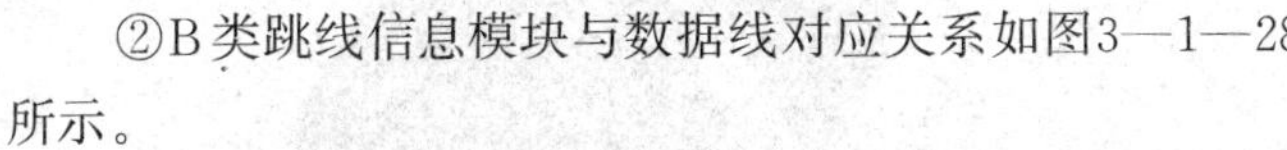

②B 类跳线信息模块与数据线对应关系如图3—1—28 所示。

**注意：**在一个系统中只允许使用一种标准制作连接线。

（2）超五类跳线的水晶头制作步骤

1）手持压线钳（双刀刃的面靠内；单刀刃的面靠外），将一段超五类线从压线钳的双刀刃面伸到单刀刃面，向内按下压线钳的两手柄，剥取一段双绞线（将双绞线塑料外皮剥去 2～3 cm；将裸露出的双绞线的线芯整齐地剪切，只剩下不超过 13 mm 的长度）并剪齐，如图 3—1—29 所示。

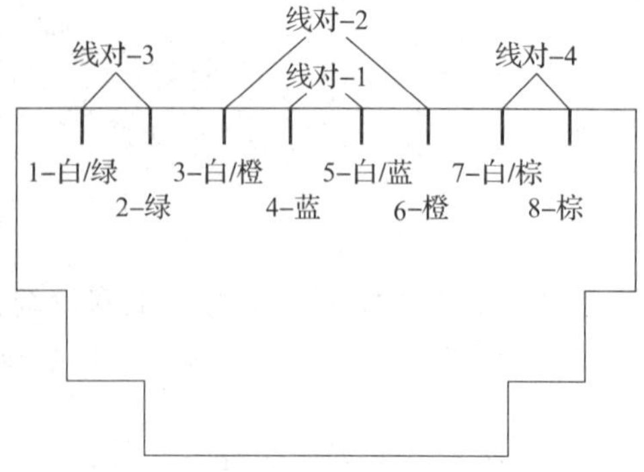


图 3—1—27　A 类跳线信息模块图

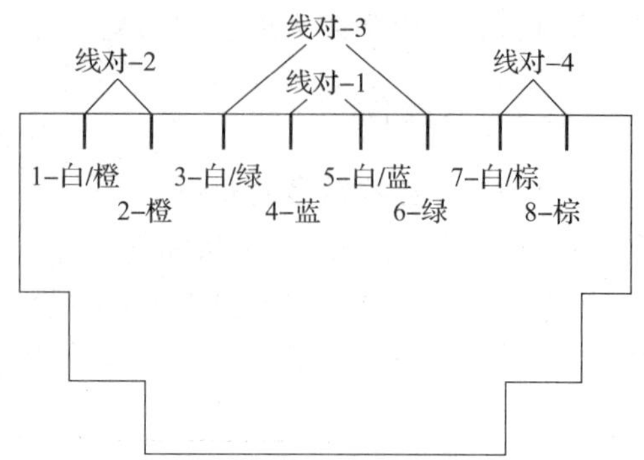


图 3—1—28　B 类跳线信息模块图

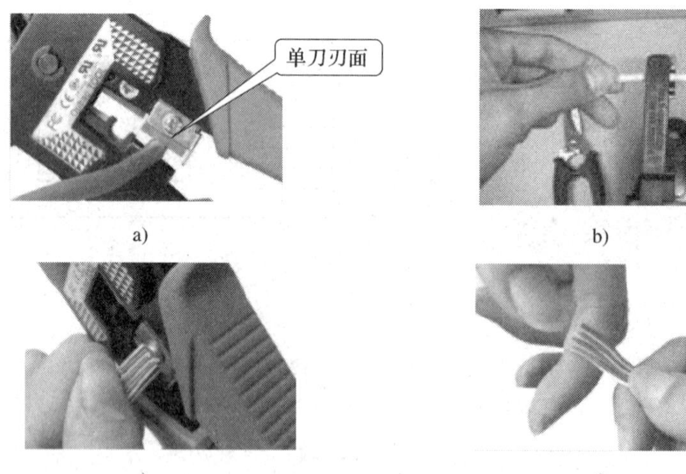


a)　b)　c)　d)

图 3—1—29　剥取双绞线

a）剪切　b）剪塑料外皮　c）剪齐线头　d）理线

2）取一个水晶头上平面向上（带簧片的一端向下，带铜片的一端向上），将线芯按顺序完全插入水晶头的卡线槽，如图 3—1—30 所示。

3）将带线水晶头插入 2P 插槽内，用力向内按下压线钳的两手柄，如图 3—1—31 所示。

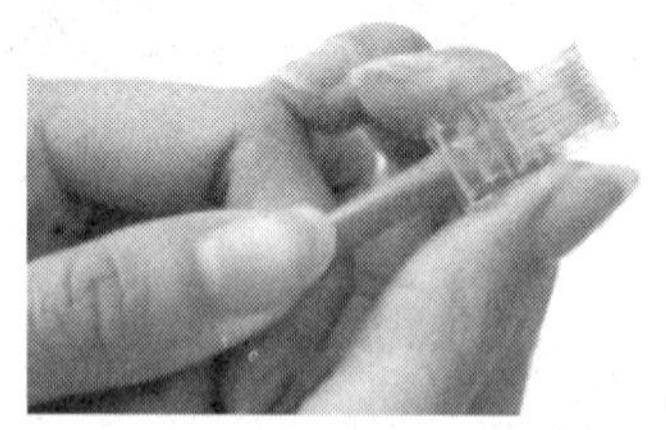

图 3—1—30　将数据线插入水晶头

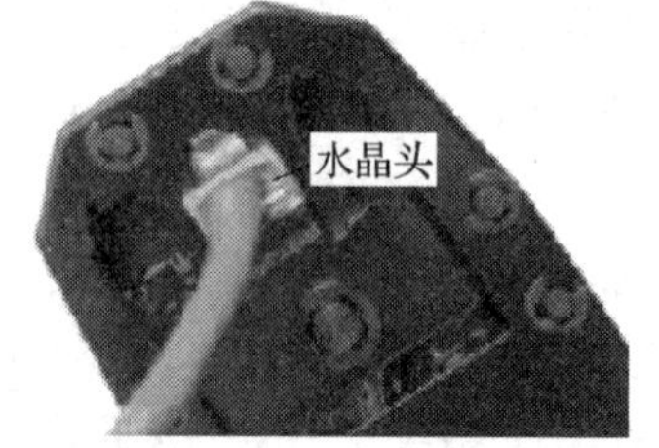


图 3—1—31　压线

4）按下水晶头的簧片，取出做好的水晶头。

（3）六类跳线水晶头的制作步骤

六类跳线与超五类跳线的水晶头制作方法基本相同，不同的步骤如下：

1）用剥线钳将双绞线外皮剥去 2～3 cm，用剪刀把双绞线中间的十字架剪除，如图

3—1—32所示。

2）用剪刀将理直的双绞线线芯按45°斜角剪切，长度适中，如图3—1—33所示。

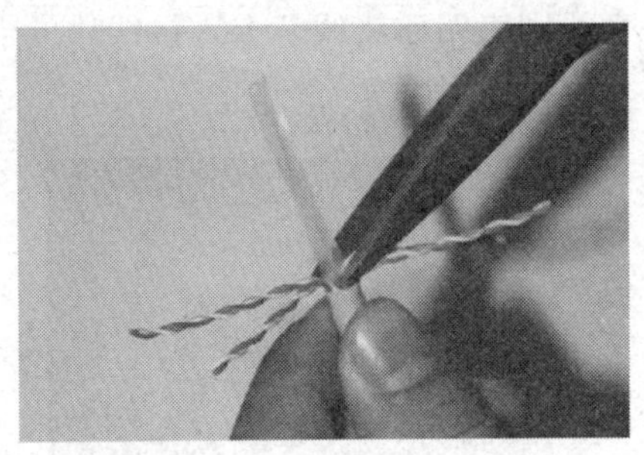

图3—1—32　剪除十字架

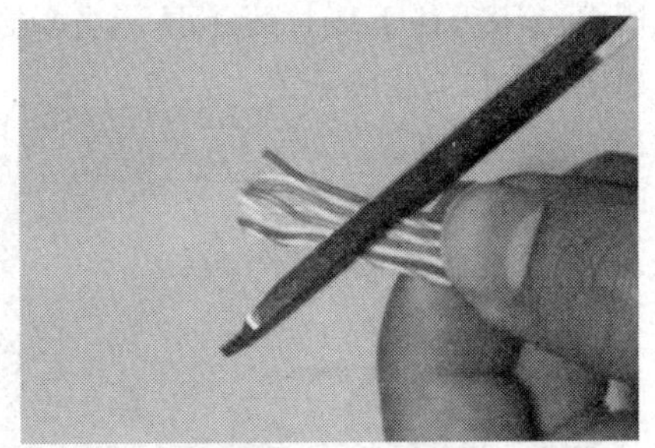

图3—1—33　剪斜角

3）将该双绞线线芯插入接线端子（接线端子卡口向上），确保线芯完全穿过接线端子，然后将多余的线芯用剪刀剪切平齐，如图3—1—34所示。

4）将接线端子（卡口向上）插入水晶头（水晶头的方向是金属引脚向上，弹片向下）凹槽内，确保插到水晶头顶部，如图3—1—35所示。

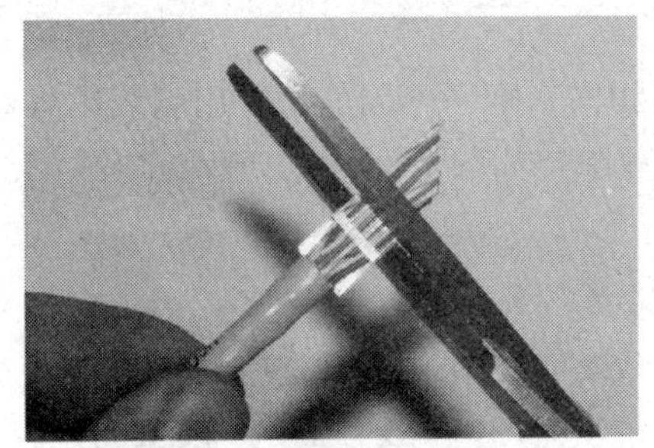

图3—1—34　穿过接线端子并剪齐

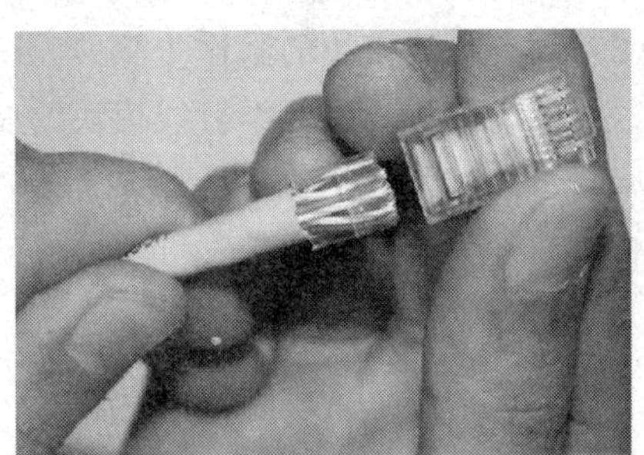

图3—1—35　插入水晶头

**2. 模块与配线架跳线的制作**

（1）超五类打线模块制作步骤

1）用压线钳或斜口钳将一段超五类线的外皮剥去2～3 cm并剪掉撕裂绳，如图3—1—36所示。

2）分开每一对线对（开绞），开绞长度不超过5 mm，将线芯理平拉直，如图3—1—37所示。

图3—1—36　剥外皮

图3—1—37　理平拉直

3）按照B类或A类跳线的标准将线芯放在模块的相应卡槽上，如图3—1—38所示。

4）手持打线工具，将卡刀（有刀刃的一端朝外）一端插入已放好线的信息模块接线块的卡槽内，用力往下压打线工具，当听到“咔”的一声，则表明已将线芯卡入接线块的卡槽内，如图3—1—39所示。

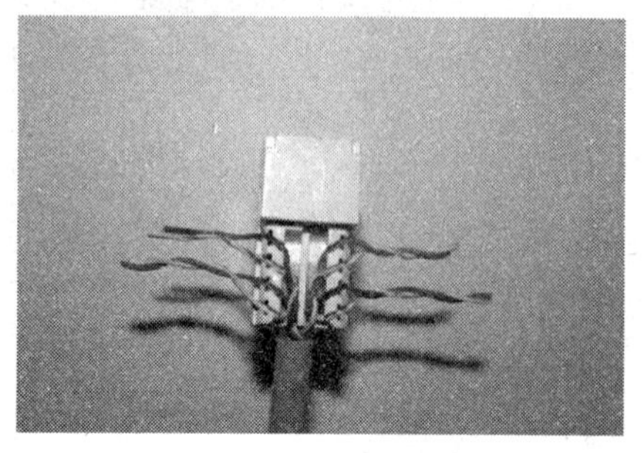

图3—1—38 排序与预固定

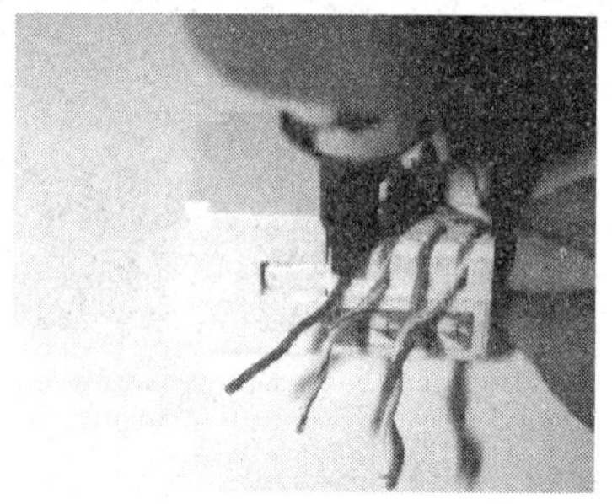

图3—1—39 用打线工具压接

5）重复上面的操作，直到所有8根线芯都打入接线块的卡槽内。

6）检查无误后，盖上保护帽，如图3—1—40所示。

（2）六类打线模块的制作步骤

六类打线模块和超五类打线模块的制作步骤基本相同，唯一不同的是：用剥线钳将双绞线外皮剥去2～3 cm，用剪刀把双绞线中间的十字架剪除，如图3—1—41所示。

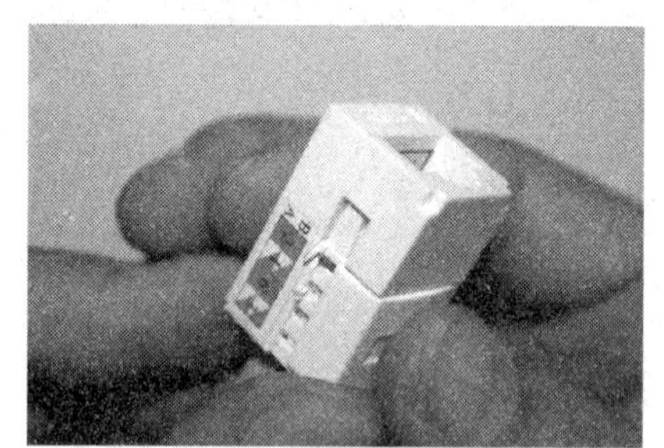

图3—1—40 检查、盖保护帽

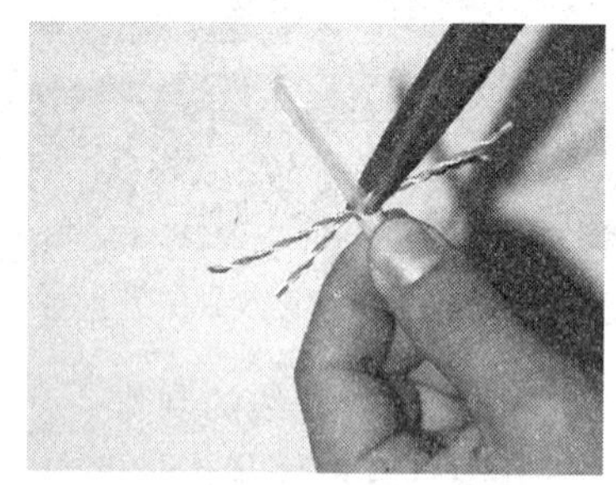

图3—1—41 剥外皮并剪十字架

（3）配线架跳线制作步骤

1）用剥线钳将双绞线两端外皮剥去2～3 cm，剪掉撕裂绳。

2）按照配线架模块上的标识，分好每对线对并保证双绞线开绞长度不超过5 mm。

3）将双绞线按照对应的色标卡（在模块上）放入模块的卡口，然后，用打线工具将线芯打入卡槽内，每次卡接都会有一声“咔”的响声，同时，将多余的线头剪除，如图3—1—42所示。

4）重复上述步骤，直到将所有的线芯都打入卡槽内。

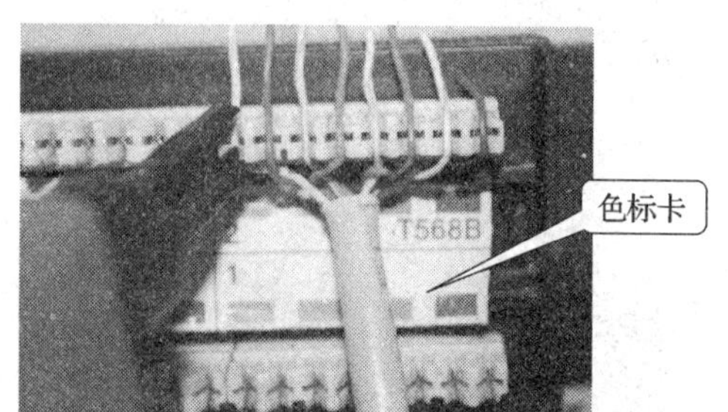


图3—1—42 卡接

**3. 注意事项**

（1）跳线的注意事项

1）压线钳（或剥线钳）使用注意事项

①使用时钳卡口的大小应与线缆的外径相对应。卡口选大了，外皮剥不下来；卡口选小了，就会损伤线芯。

②剥线时，用力要均匀，用力过大容易损坏剥线钳或伤到线芯。

③剥线钳一般不带电操作，必须带电操作时，钳柄的绝缘一定要保持完好。

2）制作超五类水晶头的注意事项

①放置水晶头时，8 个锯齿要正好对准铜片。

②压接水晶头时，用力要均匀，否则水晶头有可能被损坏。

（2）打线的注意事项

1）打线时，打线工具刀口向外。若弄错了方向，就会切断线芯，造成电缆断路。

2）打线时，打线工具一定要和模块保持垂直。如果打斜了，就会使模块卡口失去咬合力，造成模块损坏。

3）打线时，要一只手固定好模块，另一只手握住打线工具。打线时，用力不能过猛、过大，防止划伤。如果打线工具老化，需要多垂直按压几次才可以打掉多余的线头。

## 四、局域数据网络

数据综合布线系统依附于数据网络存在，数据网络种类繁多，按照数据网络的跨度，可分为局域网、城域网、广域网和 Internet 网。

局域网：由大楼或楼群中一组相互连接的具有通信能力的计算机组成，覆盖范围窄。

城域网：网络的跨度一般为一个城市或地区，覆盖范围较窄。

广域网：网络的跨度一般为一个国家或数个省份，覆盖范围宽。

Internet 网：是全球性的计算机广域网，覆盖范围极广。

以上数据网络中，人们经常接触到的是局域网，下面将介绍如何组建、调试一个局域网。

**1. 局域网的结构（图 3—1—43）**

局域网是将一栋大楼（或一个楼群）内的所有终端设备（即计算机）、通信设备互联在一起组成的通信网络，它的顶端是网络服务器，终端是若干台计算机。

**2. 组建一个简单的局域网**

（1）交换机与配线架的端接

交换机与配线架端接的结构框图如图 3—1—44 所示。

1）制作好若干条 RJ－45 数据跳线（图 3—1—45）。

2）在机柜上安装交换机（图 3—1—46）。

3）在机柜上安装配线架（图 3—1—47）。

4）用 RJ—45 数据跳线将交换机的端口与配线架的端口连接起来，如图 3—1—48 所示。

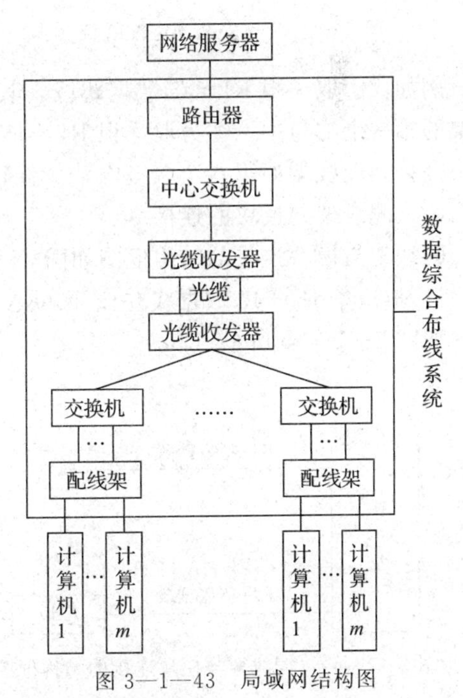


图 3—1—43 局域网结构图

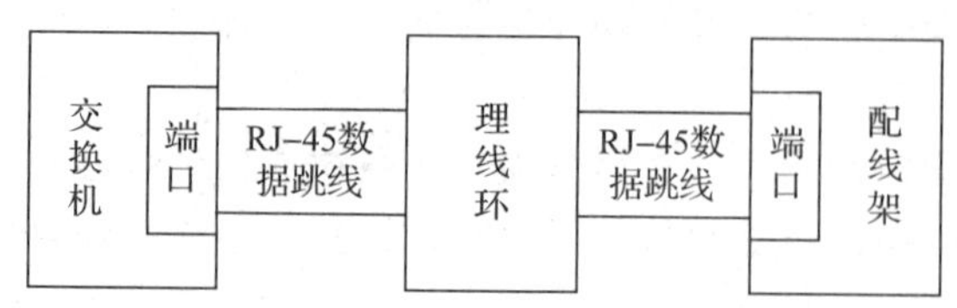


图 3—1—44　交换机与配线架端接的结构框图

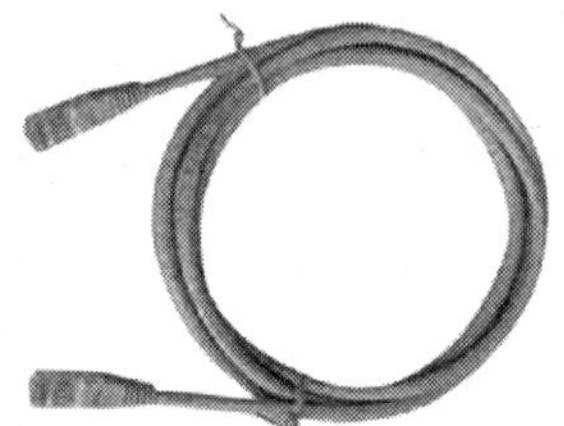

图 3—1—45　数据跳线

图 3—1—46　安装固定交换机

图 3—1—47　安装固定配线架

图 3—1—48　交换机与配线架的端接

例如：①取一根 RJ－45 数据跳线，其一头插接到交换机的端口 1，另外一头插接到配线架的第一个端口中。②另取一根 RJ－45 数据跳线，其一头插接到交换机的端口 2，另外一头插接到配线架的第八个端口中，一直到将所有端口插接满。

（2）配线架与模块的连接

配线架与模块连接的结构框图如图 3—1—49 所示。

1）取一条 RJ－45 数据线并按 T568A 或 T568B 的标准，用打线工具打接到相应的模块上，如图 3—1—50 所示。

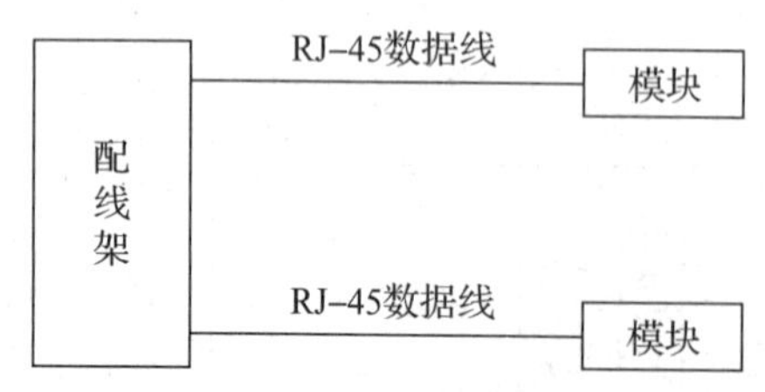


图 3—1—49　配线架与模块连接的结构框图

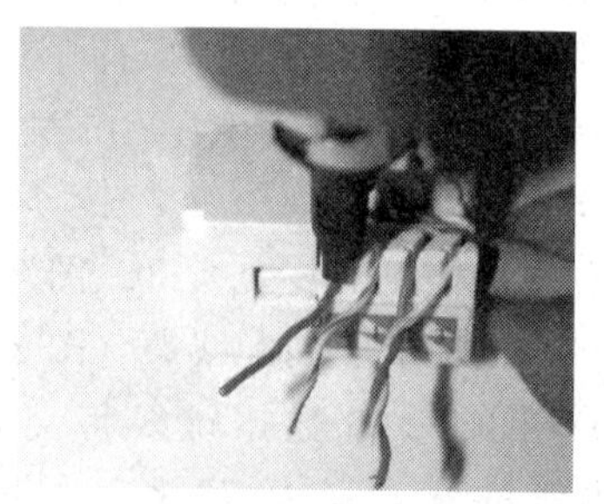

图 3—1—50　模块的打线操作

2）将打接好的模块卡接到面板上，如图 3—1—51 所示。

3）选取配线架上任意一端口，用打线工具将 RJ－45 数据线的另一端打接在配线架的端口上，如图 3—1—52 所示。

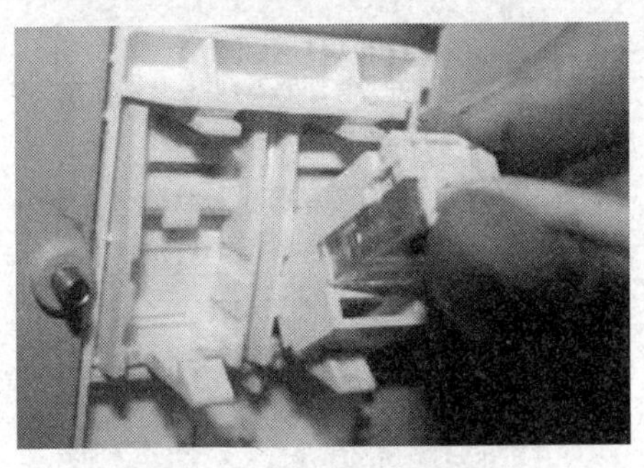

图 3—1—51　模块卡接到面板上

图 3—1—52　配线架打线操作

4）按照设计要求将所有的模块和配线架连接起来，如图 3—1—53 所示。

**注意：**该配线架可以连接 24 个模块。

（3）模块与计算机的连接

模块与计算机连接结构框图如图 3—1—54 所示。

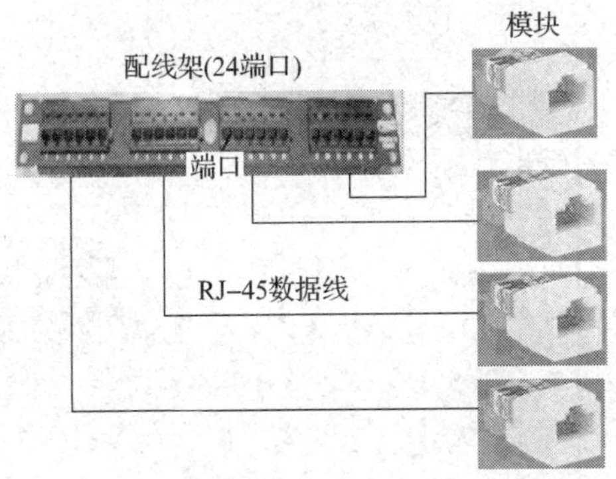


图 3—1—53　配线架与模块连接示意图

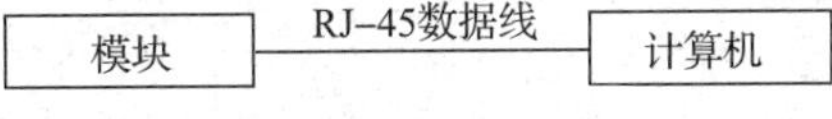


图 3—1—54　模块与计算机连接结构框图

制作一条如图 3—1—39 所示的 RJ－45 数据跳线。跳线一端插接在模块上，另一端插接在计算机的网络接口上。

**注意：**

①信息插座（包括模块和面板）距离地面 30 cm 以上。

②信息插座与计算机设备的距离不超过 5 m。

③模块接口要和计算机网卡接口类型保持一致。

**3. 中心交换机的简单设置与使用**

（1）交换机与计算机之间的连接

交换机与计算机的连接如图 3—1—55 所示。

（2）计算机端口的配置

1）启动两台计算机，在一台计算机上用鼠标右键单击桌面上的“网上邻居”，在下拉菜单中单击“属性”，如图 3—1—56 所示。

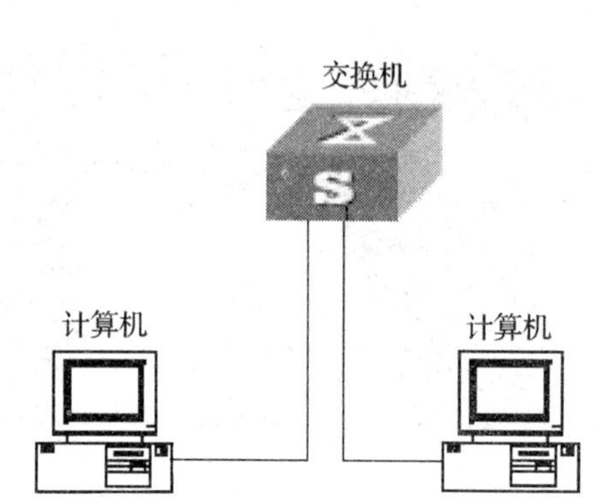


图 3—1—55 交换机与计算机连接结构示意图

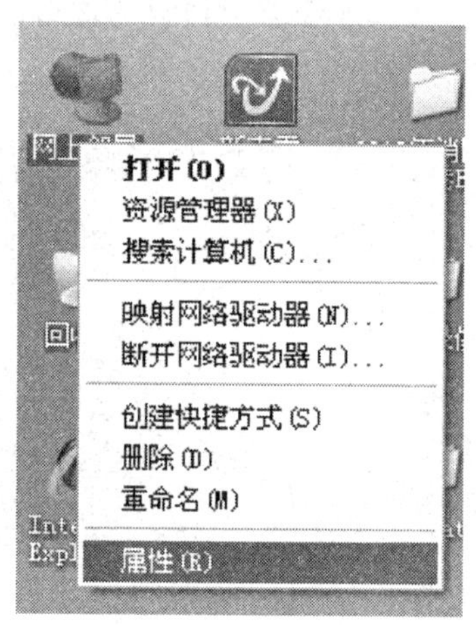


图 3—1—56 计算机桌面

2）在出现的画面中双击“本地连接”，如图 3—1—57 所示。然后，在出现的“本地连接 状态”对话框中，单击“属性”按钮。如图 3—1—58 所示。在出现的“本地连接 属性”对话框中，选择“Internet 协议（TCP/IP）”，然后，按下“确定”按钮。如图 3—1—59所示。

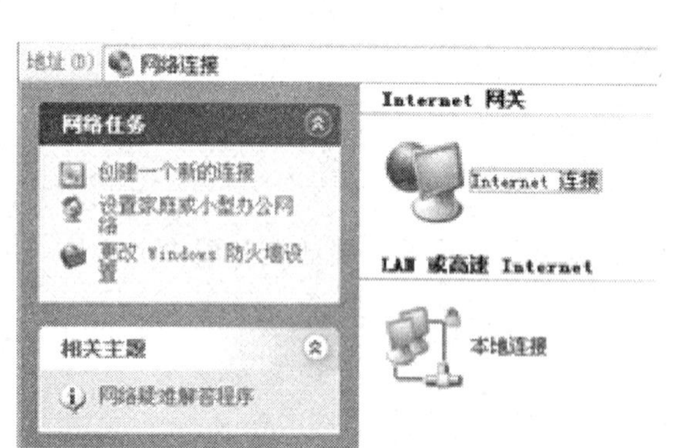


图 3—1—57 用鼠标右键单击“网上邻居”出现的画面

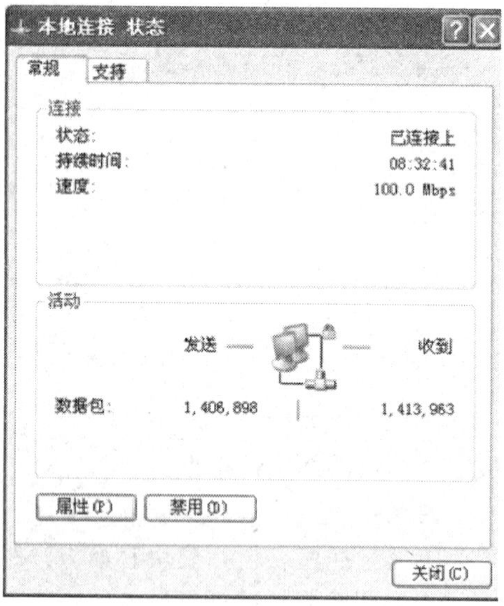

图 3—1—58 “本地连接 状态”对话框

3）将一台计算机的 IP 地址设置为“192.168.1.10”，子网掩码设为“255.255.255.0”；将另一台计算机的 IP 地址设置为“192.168.1.20”，子网掩码设为“255.255.255.0”。单击“确定”按钮。“Internet 协议（TCP/IP）属性”对话框，如图 3—1—60 所示。

（3）设置终端参数

1）单击“开始”→“程序”→“附件”→“通讯”→“超级终端”，进入“超级终端”对话框，如图 3—1—61 所示。

本地连接 属性
常规
高级
连接时使用:
Realtek PCIe GBE Family Contr
配置(C)...
此连接使用下列项目(O):
Microsoft 网络客户端
Microsoft 网络的文件和打印机共享
QoS 数据包计划程序
Internet 协议 (TCP/IP)
安装(N)...
卸载(U)
属性(R)
说明
TCP/IP 是默认的广域网协议。它提供跨越多种互联网络的通讯。
连接后在通知区域显示图标(W)
此连接被限制或无连接时通知我(M)
确定
取消

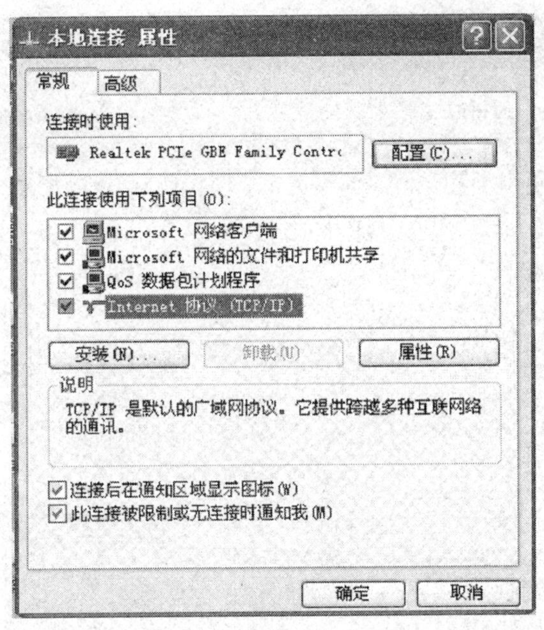

图 3—1—59　“本地连接　属性”对话框

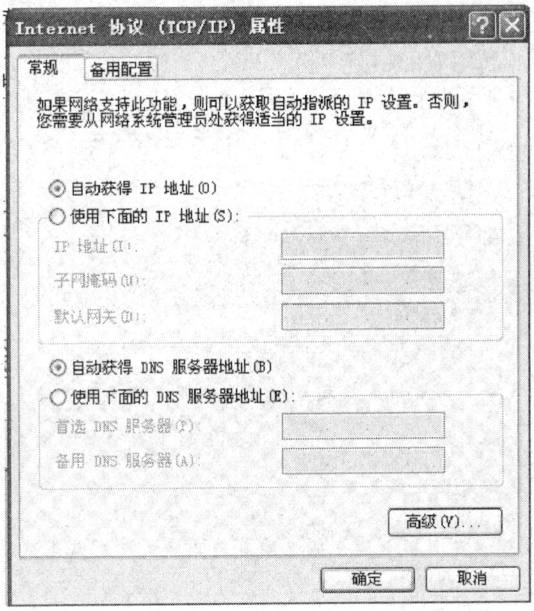

Internet 协议 (TCP/IP) 属性
常规
备用配置
如果网络支持此功能，则可以获取自动指派的 IP 设置。否则，您需要从网络系统管理员处获得适当的 IP 设置。
自动获得 IP 地址(O)
使用下面的 IP 地址(S):
IP 地址(I):
子网掩码(U):
默认网关(D):
自动获得 DNS 服务器地址(B)
使用下面的 DNS 服务器地址(E):
首选 DNS 服务器(P):
备用 DNS 服务器(A):
高级(V)...
确定
取消

图 3—1—60　“Internet 协议（TCP/IP）属性”对话框

2）输入所在城市的区域号等信息后，单击“确认”按钮，如图 3—1—62 所示。

3）在超级终端连接的“连接描述”对话框（图 3—1—63）中输入一个名称，单击“确认”按钮。

4）在串口参数设置中（图 3—1—64），输入波特率为“9600”，数据位为“8”，奇偶校验为“无”，停止位为“1”，流量控制为“无”，单击“确定”按钮。

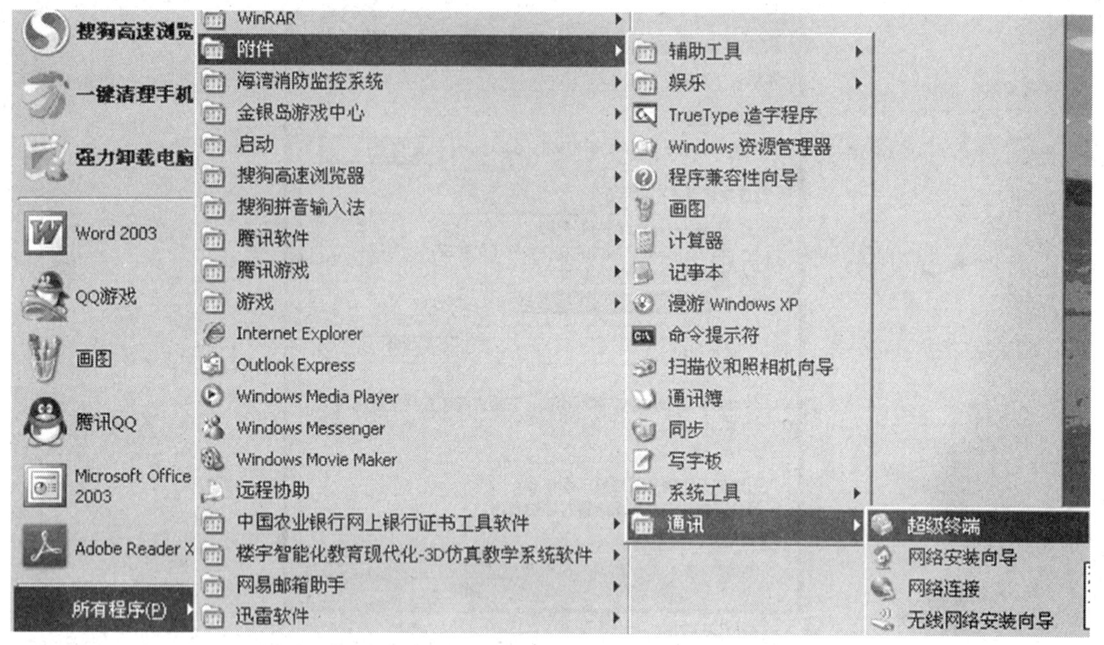


图 3—1—61　进入“超级终端”对话框

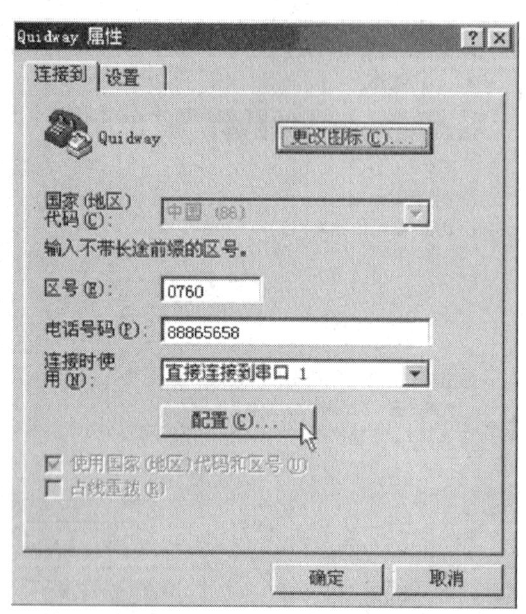


图 3—1—62　超级终端连接使用串口设置

5）在出现的“Quidway－超级终端”界面中，单击“属性”按钮，如图 3—1—65 所示。

6）打开“Quidway 属性”窗口后，单击属性窗口中的“设置”选项，打开“设置”选项卡，如图 3—1—66 所示，在其中选择终端仿真为“VT100”，选择完成后，单击“确定”按钮。

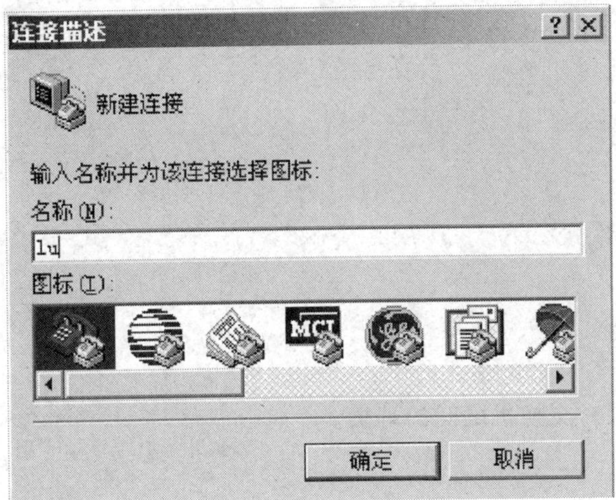

图 3—1—63　超级终端“连接描述”对话框

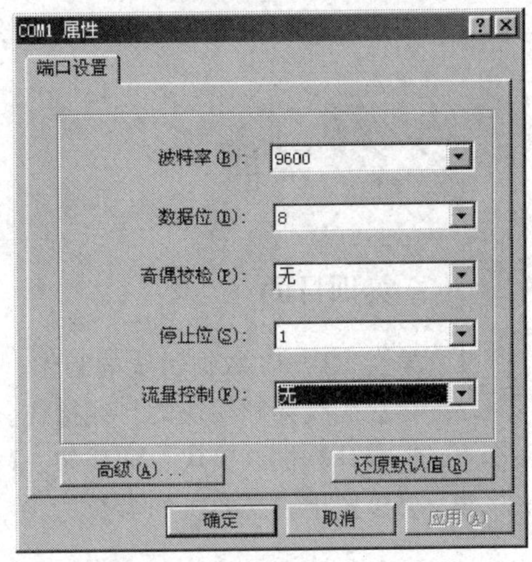

图 3—1—64　串口参数设置

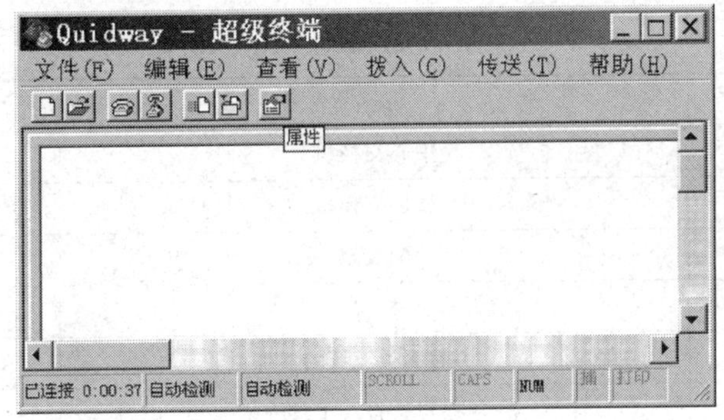

图 3—1—65　超级终端界面

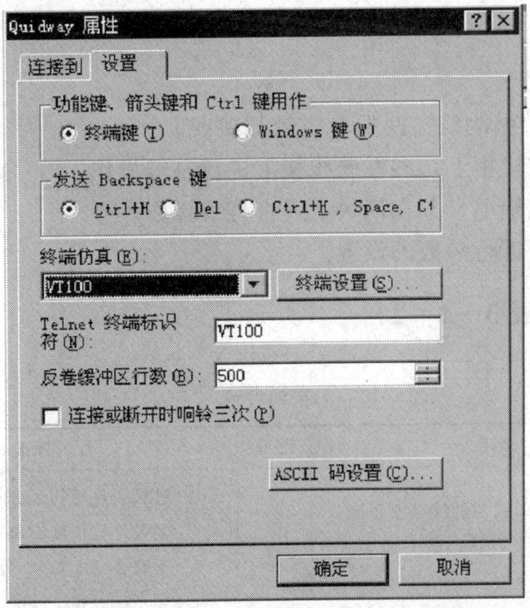

图 3—1—66　在“Quidway 属性”对话框的“设置”选项卡中设置终端仿真

7）完成上述所有操作后，就能实现计算机之间、计算机与网络之间的通信。

## 实训

### 一、实训目的

1. 学会 RJ－45 数据跳线的制作。
2. 学会配线架和模块的打线操作。
3. 学会计算机、模块、配线架、（楼层）交换机之间的端接。
4. 会设置中心交换机的参数。

### 二、实训器材（表 3—1—1）

**表 3—1—1　　实训器材**

| 序号 | 名称 | 数量 |
|---|---|---|
| 1 | 中心交换机 | 1 台 |
| 2 | 楼层交换机 | 1 台 |
| 3 | 配线架 | 1 个 |
| 4 | 模块 | 4 个 |
| 5 | 超五类双绞线 | 2 m |
| 6 | 压线钳、打线工具等 | 各 1 把 |
| 7 | RJ－45 水晶头 | 8 个 |

### 三、实训内容

1. 制作两根 A 类数据跳线、两根 B 类数据跳线。
2. 将配线架安装在机柜上，并在配线架上进行打线操作。
3. 将模块安装在机柜上，并在模块上进行打线操作。
4. 在中心交换机上进行参数的设置。

### 四、评分标准（表 3—1—2）

**表 3—1—2　　实训评价**

| 内容 | 要求 | 配分 | 评分标准 | 扣分 | 得分 |
|---|---|---|---|---|---|
| 跳线制作过程 | 1. 跳线制作时线对的线序要正确<br>2. 剥线长度要合适，既不能太长，也不能太短<br>3. 压接要牢固、可靠 | 40 | 1. 过长、过短扣 4 分<br>2. 剥去外皮长度不合适扣 6 分<br>3. 不符合标准扣 20 分<br>4. 插不到底扣 10 分<br>5. 压接不良扣 10 分 | | |

续表

| 内容 | 要求 | 配分 | 评分标准 | 扣分 | 得分 |
|---|---|---|---|---|---|
| 打线制作过程 | 1. 跳线制作时线对的线序要正确<br>2. 剥线长度要合适，开绞长度不能超过 5 mm<br>3. 打接要牢固、可靠 | 40 | 1. 过长、过短扣 4 分<br>2. 剥去外皮长度不合适扣 6 分<br>3. 不符合标准扣 20 分<br>4. 开绞长度超过 5 mm 扣 10 分<br>5. 打接听不到“咔咔”声扣 10 分 | | |
| 评测 | 由教师完成 | 20 | 1. 接触不良或错接，每处扣 3 分<br>2. 断线，按 0 分处理 | | |

# 课题二　有线电视系统的安装与维修

有线电视是一个复杂的系统工程，其中，它的核心部分就是视频系统。因此，只要掌握了有线电视系统的安装与维护就能掌握综合布线视频子系统的安装、使用和维护。

1. 了解有线电视系统各部分的组成和作用。

2. 掌握有线电视系统的结构图，并会安装电视天线（高频头）、视频放大器、分配器和用户终端（接线盒）等。

3. 会制作同轴电缆。

4. 会前端设备至视频放大器、视频放大器至分配器、分配器至用户终端的端接。

5. 学会有线电视系统的识图。掌握有线电视系统简单故障的维修。

## 一、有线电视系统的安装

### 1. 有线电视系统的组成和结构

有线电视系统主要由前端系统、干线传输系统和用户终端三个部分组成（图 3—2—1），其内部结构如图 3—2—2 所示。

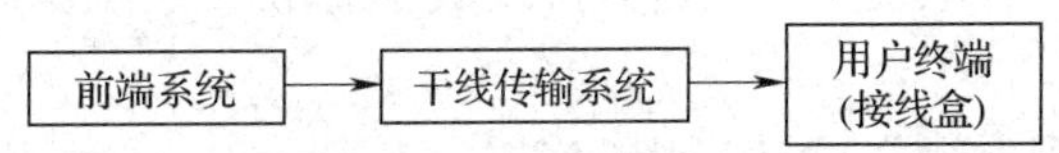


图 3—2—1　有线电视系统的组成图

(1) 前端系统

该系统主要由接收器（或变换器）、调制器、放大器和混合器等组成。其中，接收器（或变换器）的主要作用是将卫星传送来的电磁波信号转换成电信号（变换器是将微波信号转换成电信号）。调制器的主要作用是将基带信号调制在频率较高的载波信号上（由于基带

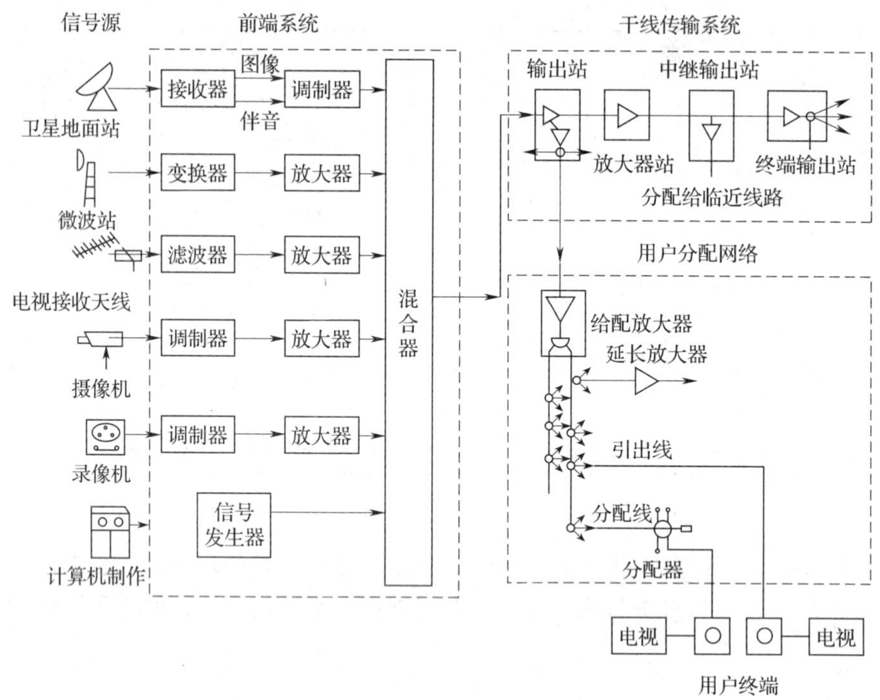


图 3—2—2　有线电视系统结构框图

信号频率较短，在传输过程中受到的阻力较大，所以传输距离较近，为了增加传输距离，通常要将基带信号调制在频率较高的载波信号上）。放大器的主要作用是将较弱的电信号加强为较强的电信号。混合器的主要作用是将多路电视信号变成一路电视信号。

（2）干线传输系统

将前端接收或产生的电视信号不失真地传输到较远的建筑群的用户分配网络。其主要作用是对在传送过程中衰减了的电视信号进行增益和分配。它主要由放大站、中继站、输出站和室外同轴电缆（光缆）等组成。其中，放大站和中继站主要负责将电视信号放大，而使其能传送到更远的地方。输出站除了放大电视信号的作用之外，更主要的作用是分配电视信号。室外同轴电缆（光缆）是电视信号传输的介质。

（3）用户分配网络

该网络是将送到建筑群的电视信号再分配到千家万户的有线电视的用户终端网络。它主要由放大器、分配器和室内同轴电缆等组成。其中，放大器的作用就是对电视信号进行有效的放大，分配器的作用是将电视信号配送到有线电视的用户终端。室内同轴电缆是电视信号在室内传输的介质。

用户终端设备是负责电视信号与电视机连接的终端设备，它主要由有线电视接线盒和同轴电缆组成。

**2. 有线电视系统设备简介**

（1）同轴电缆

同轴电缆主要有室外同轴电缆和室内同轴电缆两类，其外形结构如图 3—2—3 所示。其中，BNC 接头（图 3—2—4）是同轴电缆的连接器件。

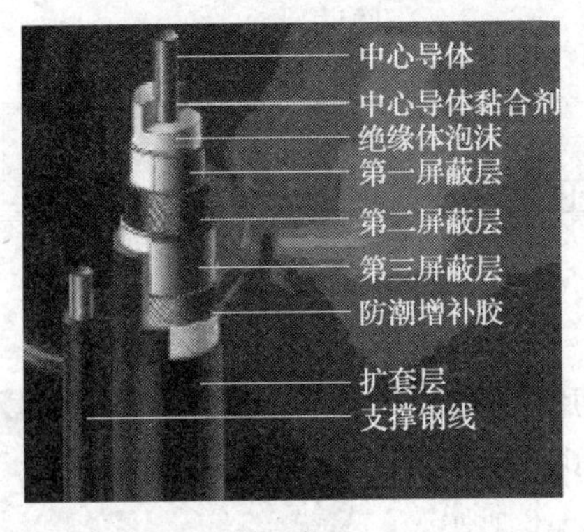


a)

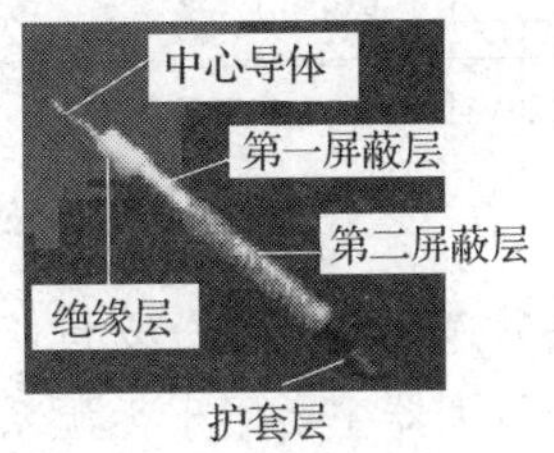


b)

图 3—2—3　同轴电缆

a）室外同轴电缆　b）室内同轴电缆

**注意**：对于室内用户终端连接的电缆主要使用 75 Ω 的视频电缆。

（2）调制设备

调制设备是有线电视系统的重要组成部分，它的种类很多，这里以数视宝 4 路 QAM 调制器为例进行说明（图 3—2—5、图 3—2—6 和图 3—2—7）。

图 3—2—4　BNC 接头

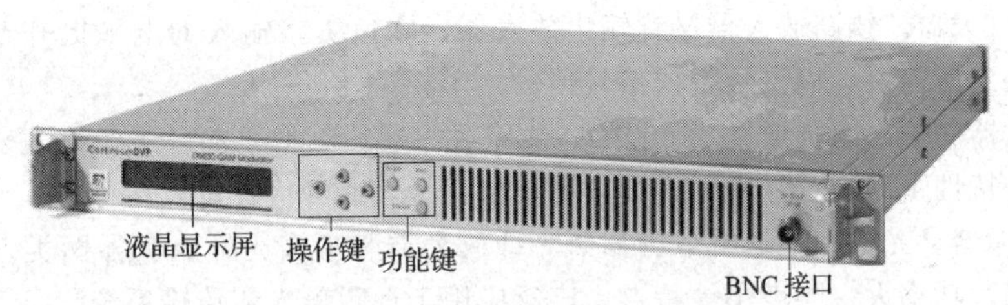


图 3—2—5　数视宝 4 路 QAM 调制器

图 3—2—6　数视宝 4 路 QAM 调制器前面板示意图

1—移动左键　2—移动上键　3—移动右键，执行“循环小菜单/移动光标”等操作

4—移动下键，执行“设置光标/参数修改”等操作

5—确认键，存储更改结果并执行功能选择　6—模式选择键，循环显示主菜单内容　7—锁定

（3）干线放大器、线路放大器和光放大器

1）干线放大器。干线放大器位于设备前端和电缆分配系统之间，用于将前端系统接收

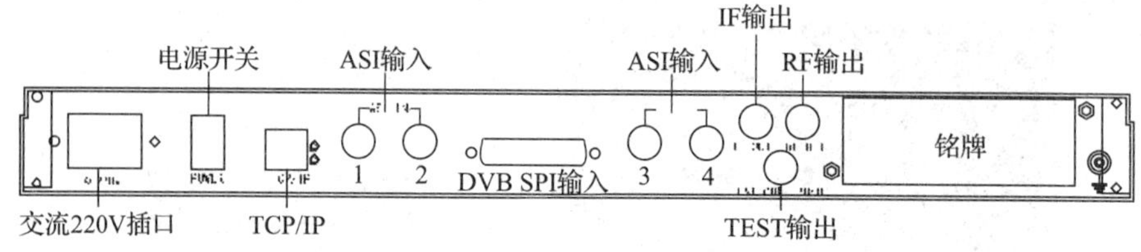


图 3—2—7 数视宝 4 路 QAM 调制器后面板示意图

下来的电视信号送到各干线分支点所连接的用户分配网络系统。干线放大器主要用于无源系统补偿由于电视信号传输和分配而引起的功率衰耗，如图 3—2—8 所示。

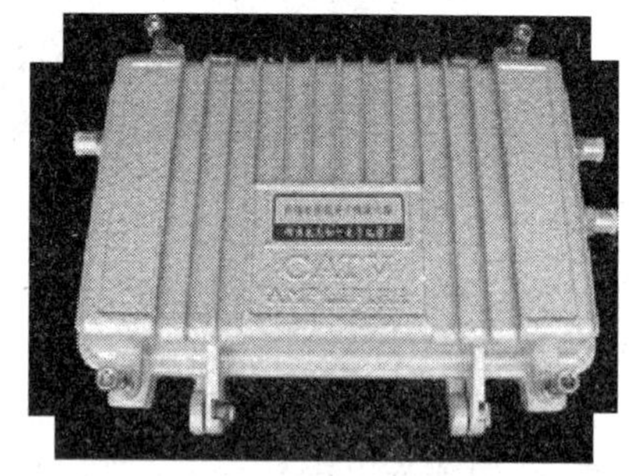

图 3—2—8 干线放大器

干线放大器（简称为干放）分为“ALC 干放”（自动电平控制）、“AGC 干放”（自动增益控制）和“MGC 干放”（手动增益控制）三种。

可根据最长一根干线的电长度来确定使用干放的种类（表 3—2—1）。

**表 3—2—1　　干线的电长度与干放种类的关系**

| 干线的电长度 | 干放的种类 | 解释 |
| --- | --- | --- |
| 100 dB 以内 | MGC 干放 | 手动增益控制 |
| 100～250 dB | AGC 干放 | 自动增益控制 |
| 250 dB 以上 | ALC 干放 | 自动电平控制 |

2）线路放大器。线路放大器又称输出放大器，它负责将输入的电平提升到所需值和将输出阻抗变换到所需值，以供录音或信号传输之用。

线路放大器的输出阻抗通常为 600 Ω。线路放大器的电平通常可用音量表来测量。按照音量表的动态特性不同，音量表通常可分为单位音量表或峰值音量表两种。

3）光放大器。光放大器通常分为掺饵光纤放大器和掺镨光纤放大器两类。它们具有信号放大频带宽、功率大、噪声小等特点，广泛应用于远距离光缆传输系统。

（4）分配器（分支器）、分支器和混合器

1）分配器。常用分配器有二分配器、三分配器、四分配器三种类型，如图 3—2—9、图 3—2—10 和图 3—2—11 所示。

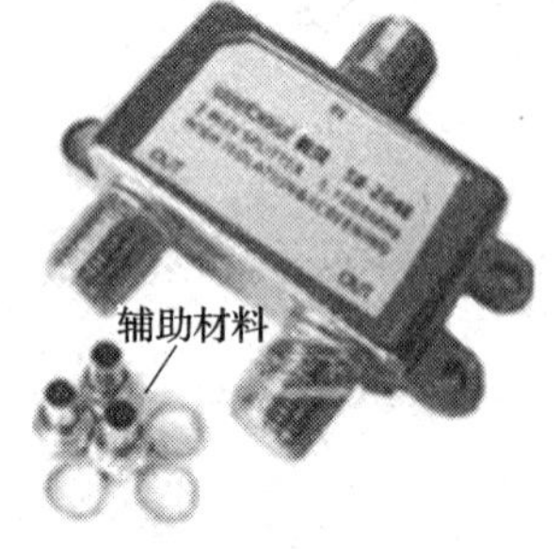


图 3—2—9 二分配器

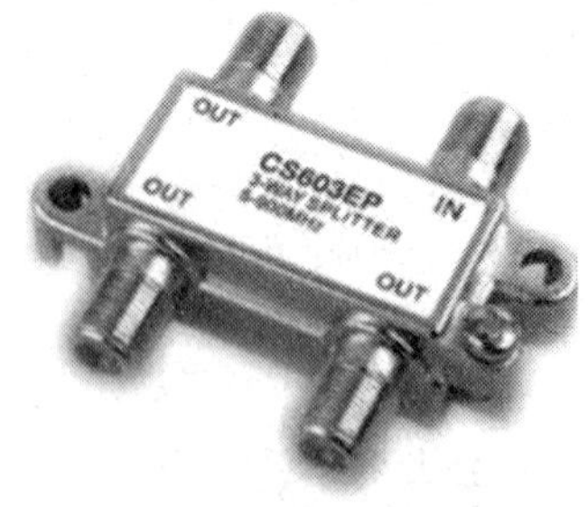


图 3—2—10 三分配器

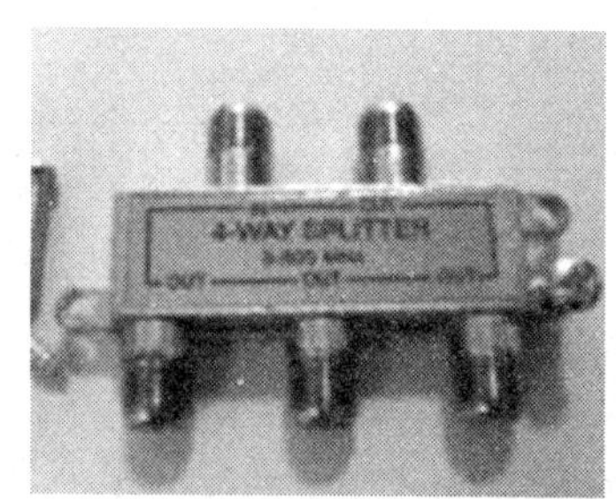


图 3—2—11 四分配器

**注意**：分配器和分支器的作用相似，其区别主要是：分支器是从主路上取出少部分信号送到分支口的功率电平分配器件；分配器是从输入信号等分到输出口的功率电平分配器件。

其中，IN 代表电视信号的输入端；OUT 代表电视信号的输出端。

分配器的主要参数：

①分配损耗。它是指信号从输入端分配到输出端的传输损失。通常可用以下公式计算：

$$L_P = 10\lg n(\mathrm{dB})$$

其中 $L_P$——分配损耗理论值，dB；

$n$——分配器输出路数。

②反射损耗。它是由于分配器的输入、输出阻抗与同轴电缆的特性阻抗不匹配，而在分配器输入、输出端造成的反射波所产生的损耗。

反射损耗对后续电路会造成影响，国标规定 VHF（甚高频，1～12 频道）段反射损耗大于 16 dB，UHF（特高频，13～68 频道）段反射损耗大于 10 dB。

③分配器的输入和输出阻抗理论上均为 75 Ω。

2）分支器。分支器主要干线上，它和分配器的基本原理一致。主要区别见表 3—2—2。

**表 3—2—2** **分配器与分支器的区别**

| 设备名称 | 信号分配 | 安装位置 |
|---|---|---|
| 分配器 | 平均分配 | 用户终端 |
| 分支器 | 主干线路分配的信号多；支干线路分配的信号少 | 干线 |

3）混合器

①混合器的种类。可分为滤波器式混合器、分配器式混合器、宽带传输线变压器式混合器，其中滤波器式混合器又分为频段式滤波器式混合器和频道式滤波器式混合器。

②混合器的参数

a. 插入损耗。对无源混合器而言，输入功率与输出功率之比就称为插入损耗。通常情况下，滤波器式混合器的插入损耗要求不超过 4 dB，宽带传输线变压器式混合器的插入损耗要求不超过 20 dB。

b. 隔离度。给某一输入端加入一信号，该信号电平与其他输入端出现的该信号电平之差，就称为隔离度。通常情况下，混合器各输入通道间的相互隔离度应大于 30 dB。

③几种混合器的区别（表 3—2—3）。

**表 3—2—3** **几种混合器的区别**

| 种类 | 插入损耗 | 隔离度 | 互换性 | 应用场所 |
|---|---|---|---|---|
| 滤波器式 | 小 | 低 | 差 | 适用于非邻频前端 |
| 分配器式 | 大 | 高 | 较好 | 适用于邻频前端 |
| 宽带传输线变压器式 | 小 | 高 | 好 | 适用于混合路数较少的邻频前端 |

### 3. 有线电视综合布线系统的常用符号

（1）分配器的符号

一般用于支干线和用户末端，符号如图 3—2—12 所示。

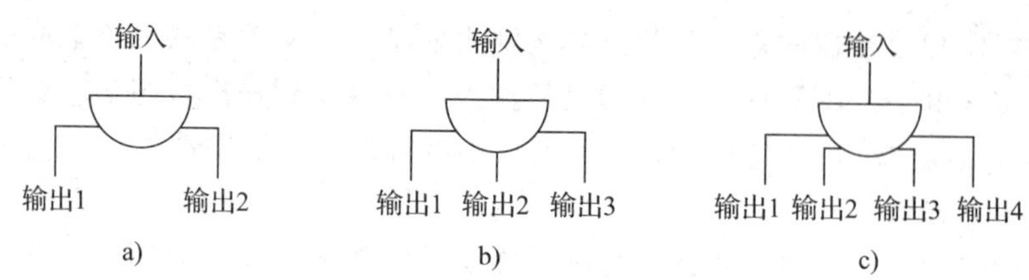


图 3—2—12　分配器表示符号

a）二分配器　b）三分配器　c）四分配器

（2）分支器的符号

一般用于主干线，符号如图 3—2—13 所示。

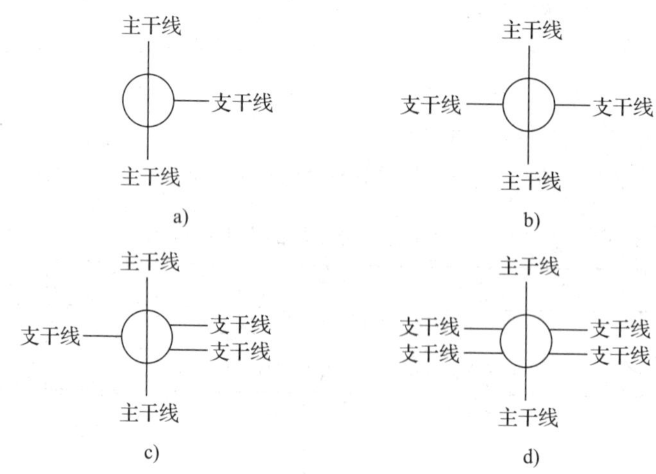


图 3—2—13　分支器表示符号

a）一分支器　b）二分支器　c）三分支器　d）四分支器

（3）放大器

放大器种类很多，如光放大器、干线放大器、天线放大器、延长放大器等。不论哪一种放大器通常都用相同的符号来表示，如图 3—2—14 所示。

**4. 有线电视系统的制作**

（1）BNC 接头的制作

BNC 接头是视频线连接摄像机、录像机的重要接口元件。它的质量直接关系到电视信号的好坏。其连接情况如图 3—2—15 所示。

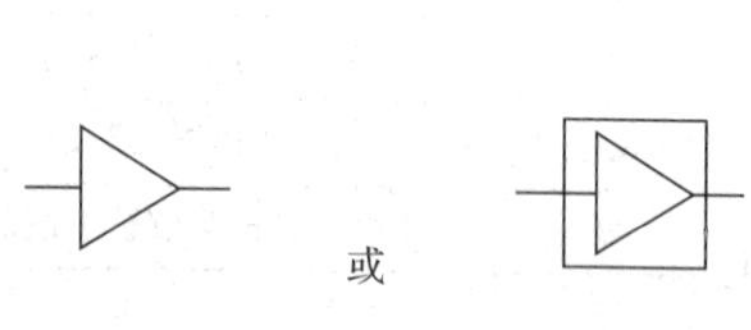


图 3—2—14　放大器

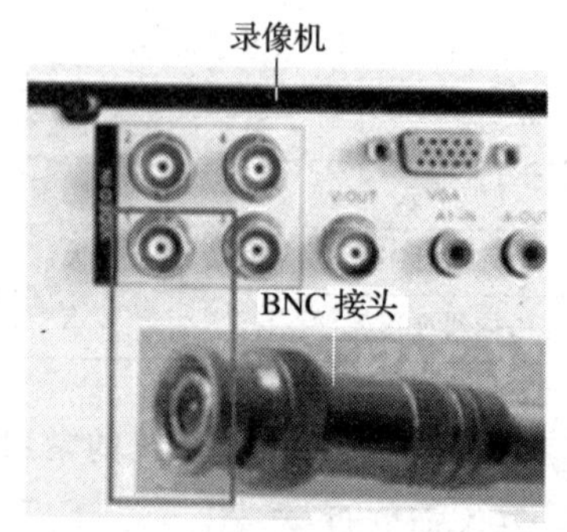


图 3—2—15　录像机与视频线连接

常用的BNC接头有焊接BNC头、压接BNC头、免焊BNC头三种形式，如图3—2—16所示。

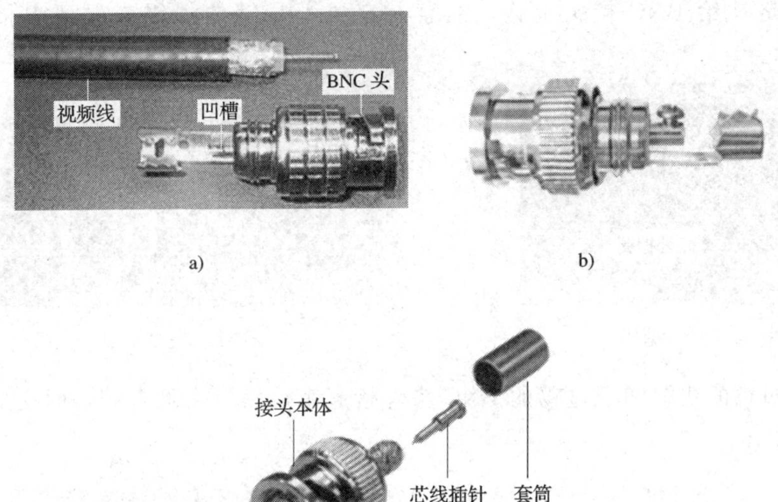


a)　　b)

c)

图3—2—16　BNC接头

a）焊接BNC头　b）压接BNC头　c）免焊BNC头

焊接BNC接头的步骤：

1）用剥线器将视频线剥去7 cm左右的护套层，然后再用电工刀切去4 cm左右的绝缘层，如图3—2—17、图3—2—18和图3—2—19所示。

图3—2—17　剥线器

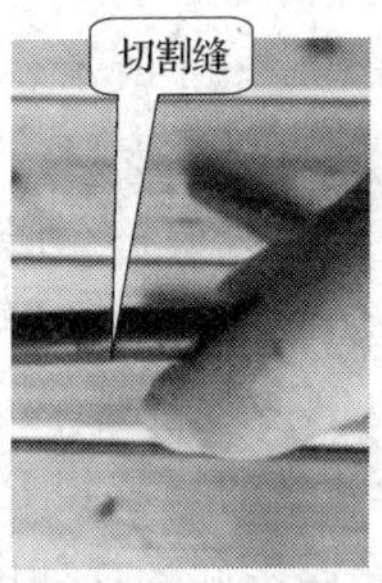


图3—2—18　切割护套层

2）将屏蔽网在线缆的一侧捋顺（多余的屏蔽网线可以剪除），注意千万不要伤到绝缘层，如图3—2—20所示。

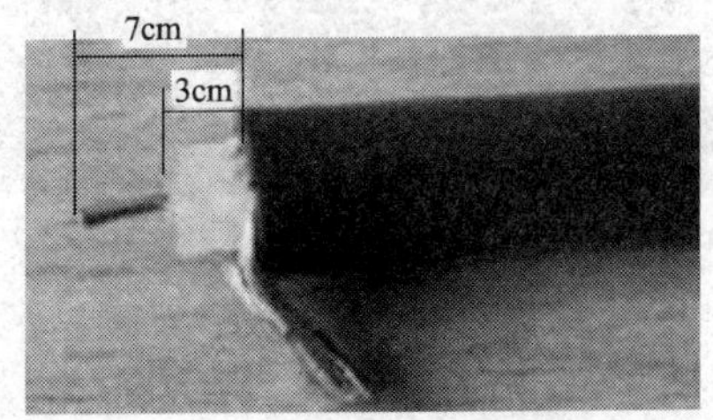


图3—2—19　剥去护套层和绝缘层后的视频线

图3—2—20　捋顺屏蔽网线

3）用电烙铁给整理后的屏蔽网线和中心导体上锡，注意屏蔽网线上锡不能太多，以防制作好 BNC 接头后 BNC 的丝帽拧不上，如图 3—2—21 所示。

4）用电烙铁给 BNC 接头上锡，注意一定要上足够的焊锡来保证焊接强度，如图 3—2—22所示。

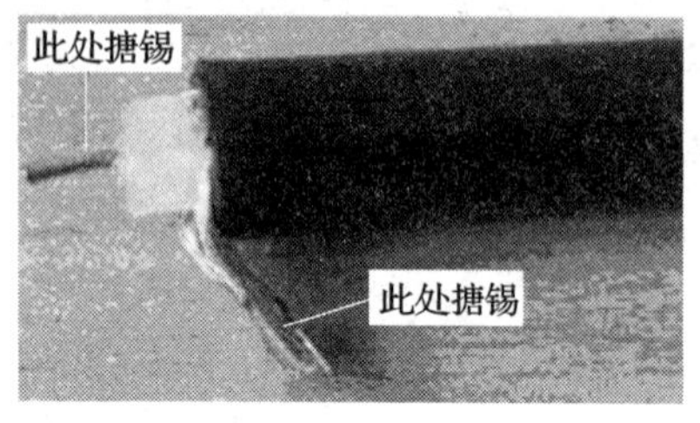

图 3—2—21　搪锡

图 3—2—22　上锡

5）将搪过锡的线缆和上过锡的 BNC 头焊接起来，然后去除毛刺，即完成连接，如图 3—2—23 所示。

图 3—2—23　完成连接

（2）RCA 接头的制作

RCA 接头主要用于视频线与电视机等的转接插头，是电视信号转接的主要元件之一，其外形如图 3—2—24 所示。

RCA 接头的制作步骤：

1）剥削视频线的护套层，但不能伤到绝缘层。

2）在视频线的线芯和屏蔽网线搪锡。

3）在 RCA 接头上上锡。

4）将视频线的线芯和 RCA 接头的金属插针焊接起来；将视频线的屏蔽网线和 RCA 接头的金属外壳焊接起来，如图 3—2—25 所示。

图 3—2—24　RCA 接头

视频线的线芯
金属插针焊接点
金属外壳焊接点
视频线的屏蔽网线层

图 3—2—25　视频线与 RCA 接头的连接

（3）BNC 接头转接 RCA 接头

成品的转接插头如图 3—2—26 所示。

**注意：**非成品制作方法可参考以上的步骤。

## 二、有线电视系统的维护

### 1. 有线电视系统的设计施工图

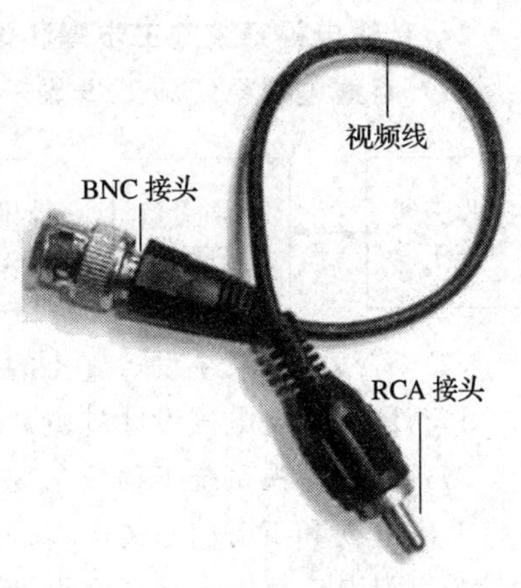

图 3—2—26 转接插头

识图是有线电视综合布线系统的基本要求，通过有线电视系统设计施工图（图 3—2—27），我们可以了解建筑物情况、设备类型、数量等信息。

由图 3—2—27 可知，该建筑物有六层，四个单元（或四栋独立建筑）。这四个单元由一个有线电视信号放大器箱提供有线电视信号。该建筑物有四条支干线，每条支干线由建筑物下端引入，通过竖井或楼梯间引入每家每户。每户有一条入户线，两个输出点（每户可接两台电视）。第一单元采用分支器直接分配到用户的方式分配电视信号，其他三个单元采用分支器加分配器的方式分配电视信号。不论是哪一种分配形式，在支干线的末端都要接一个电阻。整个建筑物一共有 90 个住户（90 条入户线），提供 180 个有线电视信号接入点。

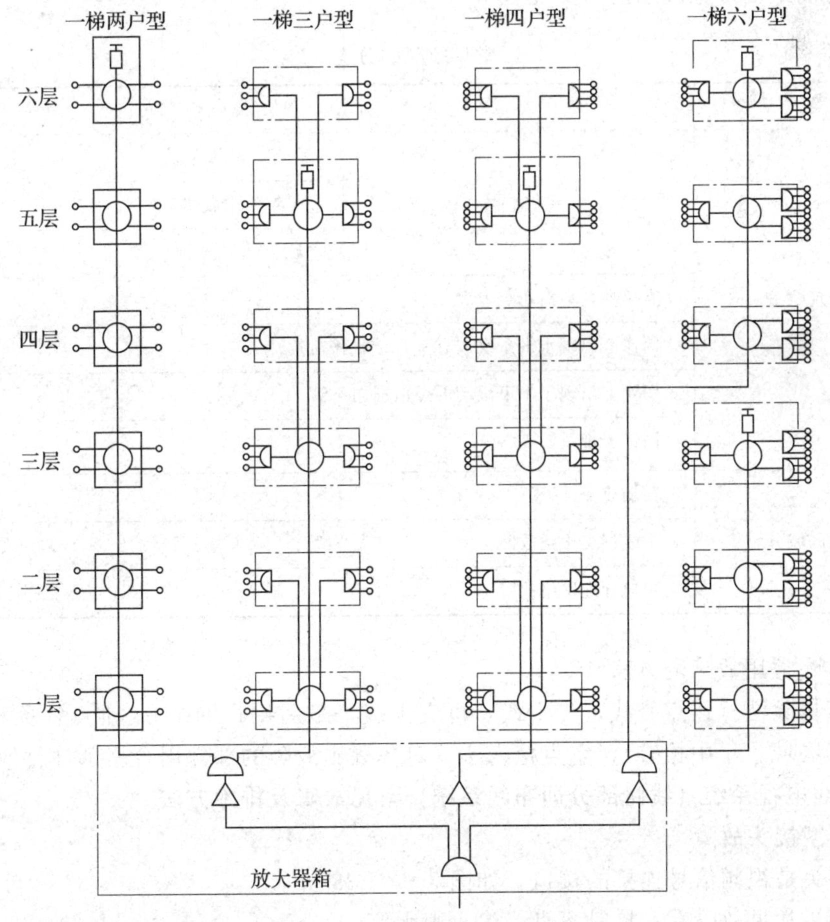

图 3—2—27 有线电视系统设计施工图

**2. 有线电视系统施工步骤和依据**

（1）有线电视系统施工步骤

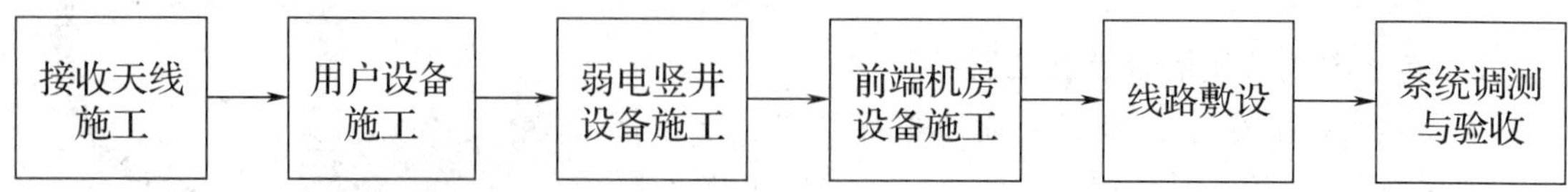


（2）有线电视系统设计施工的依据

1）《民用建筑电气设计规范》（JGJ/T 16—2008）。

2）《有线电视系统工程技术规范》（GB 50200—1994）。

3）《电视和声音信号的电缆分配系统设备与部件》（GB 11318—1996）。

4）《卫星广播电视地球站设计规范》（CYJ 41—1989）。

5）《有线电视广播系统技术规范》（GY/T 106—1999）。

6）《有线电视系统测量方法》（GY/T 121—1995）。

**3. 有线电视系统的常见故障分类**

（1）常见故障的分类

有线电视系统常见故障的分类见表 3—2—4。

**表 3—2—4　　常见故障的分类**

| 分类 | 现象 | |
|---|---|---|
| 按故障现象分 | 无信号 | 声音、图像全无 |
| | | 有声音，无图像 |
| | | 无声音，有图像 |
| | 有信号，但雪花点太多 | |
| | 图像上出现水平条纹或有垂直带状移动条纹 | |
| | 图像上出现了上下滚动的黑白横向条纹 | |
| | 图像出现重影 | |
| 按故障区域分 | 前端故障 | |
| | 干线、支干线故障 | |
| | 用户分配网络故障 | |

（2）排除常用故障的方法

主要有排除法（逐点查找，先干线，再支干线，最后用户网络）、难点针灸法（对易发故障的重点区域，集中检查）、重点植入法（对怀疑出故障的部件用合格部件替换）。

**4. 有线电视系统（线路部分即布线系统）常见故障及排除方法**

（1）F 型接头故障

F 型接头是视频信号连接的接口，如图 3—2—28 所示。

F 型接头常见故障有：接触不良、渗入雨水等。

F 型接头常见故障现象有：电视信号不好，雪花点过大，甚至黑屏等。

a)

b)

图 3—2—28 F 型接头

a）母头 b）公头

排除故障方法：更换 F 型接头。

（2）视频信号线破损

如果视频信号线破损处搭接了电源线，会出现图像扭曲和滚动的横条等现象。如果视频信号线破损处接地，会出现电视信号不好，雪花点过大，图像杂乱、重影，甚至黑屏等现象。

排除故障方法：更换破损的视频信号线。

（3）BNC 接头故障

如果开路，无视频信号。如果接触不良，会出现电视信号不好，雪花点过大等现象。

排除故障方法：更换 BNC 接头。

实训

## 一、实训目的

1. 能识别有线电视系统的设备和元件。
2. 会制作带 BNC 接头的视频线并能正确使用工具。
3. 会制作带 RCA 接头的视频线并能正确使用工具。
4. 学会分配器、分支器的连接。
5. 会维修有线电视信号传输线路上的故障。

## 二、实训器材（表 3—2—5）

表 3—2—5 实训器材

| 序号 | 名称 | 数量 |
|---|---|---|
| 1 | BNC 接头 | 5 个 |
| 2 | RCA 接头 | 5 个 |
| 3 | 视频线 | 2 m |
| 4 | 剥线器、电工刀、电烙铁等 | 各 1 把 |

续表

| 序号 | 名称 | 数量 |
|---|---|---|
| 5 | 焊锡、松香 | 若干 |
| 6 | 分配器 | 2个 |
| 7 | 分支器 | 2个 |
| 8 | 视频线 | 若干 |
| 9 | 场强仪 | 1台 |

## 三、实训内容

1. 剥削视频线。
2. 给视频线、BNC接头和RCA接头上锡。
3. 制作带BNC接头或RCA接头的视频线。
4. 连接录像机与电视机、用户终端与电视机的视频线。
5. 观察图像效果，并对结果进行说明。
6. 按照有线电视系统设计施工图进行布线。
7. 进行分配器、分支器的连线。
8. 维护简单的线路故障。

## 四、评分标准（表3—2—6）

**表3—2—6　　实训评价**

| 内容 | 要求 | 配分 | 评分标准 | 扣分 | 得分 |
|---|---|---|---|---|---|
| 制作带BNC或带RCA接头的视频线 | 1. 制作带BNC接头的视频线或带RCA接头的视频线的步骤正确<br>2. 连接要牢固可靠<br>3. 焊接好的接头不允许有毛刺 | 40 | 1. 过长、过短扣2分<br>2. 剥去的外皮长度不合适扣2分<br>3. 制作过程不规范扣10分<br>4. 上锡不够或过多扣5分<br>5. 焊接不良，每处扣3分<br>6. 有毛刺，每处扣2分 | | |
| 布线 | 1. 学会识图<br>2. 选用主要设备并提供设备清单<br>3. 按照施工规范进行施工 | 20 | 1. 会识图并能提供设备清单的得5分<br>2. 施工不规范，每处扣2分<br>3. 少一条线扣5分 | | |
| 排除故障 | 1. 排除故障的步骤要正确<br>2. 不能漏排、也不能错排 | 30 | 1. 排除方法正确得10分<br>2. 漏排故障，每处扣3分<br>3. 漏查故障，每处扣2分 | | |
| 评测 | 由教师完成 | 10 | 1. 未按安全规范要求施工扣10分<br>2. 施工完成但未整理现场扣2分 | | |

# 课题三　有线广播系统的安装与维修

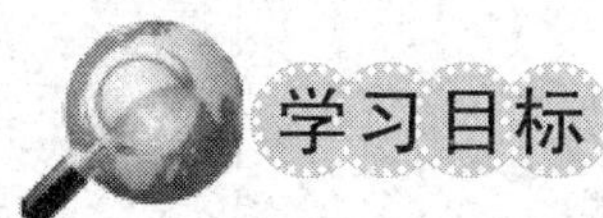


1. 了解有线广播系统的组成和各部分的作用。
2. 掌握有线广播系统的施工要求和线路敷设方法。
3. 会制作音频信号线。
4. 了解应急广播系统的功能。

## 一、有线广播系统的组成和结构

### 1. 有线广播系统的组成

有线广播系统或称电声系统，其应用极为广泛，工厂、学校、宾馆、医院、车站、码头、广场、影剧院、体育馆、歌舞厅等，都能见到它的身影并有着密切的关系。

有线广播一般有服务型广播和火灾报警广播两种播放形式。正常情况下，在进行服务型广播时，一旦发生火灾或其他紧急事故，该系统应该立即自动切断服务型广播，进而转为火灾报警广播，通报报警信息，指导人员疏散。

### 2. 有线广播系统的结构

不管哪一种广播音响系统，都可以画成如图 3—3—1 所示的基本组成方框图，它分为四个部分：音源设备、声频信号处理设备、传输线路、扬声系统。

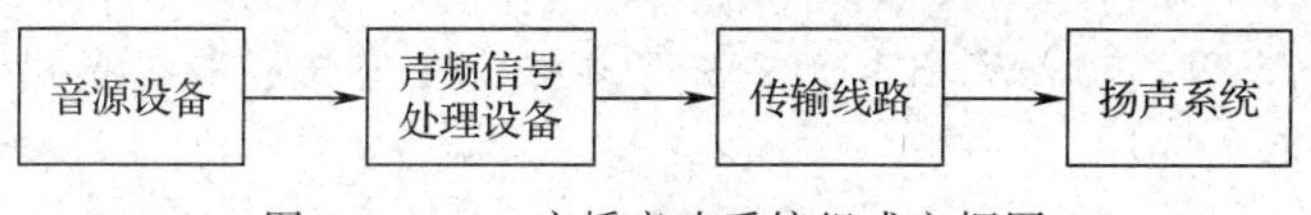


图 3—3—1　广播音响系统组成方框图

（1）音源设备

声音信号通常是需要加工处理的，而音源设备的功能就是把声音信号转换成音响系统能处理的电信号，其频率为 20 Hz～20 kHz。

音源设备有 FM/AM 调谐器、电唱机、激光唱机、录音机、传声器（话筒）、影碟机、录像机、电子乐器等。

（2）声频信号处理设备

声频信号处理设备具有美化音色，减少失真和噪声的作用，包括调音台、前置放大器及音响加工设备等。调音台和前置放大器的作用及地位相似，但调音台的功能更多，性能指标也更高，它们的基本功能是通过选择开关选择所需要的节目信号进行音调控制、响度控制、音量控制、平衡控制和前置放大，是整个广播音响系统的“控制中心”。功率放大器的作用是将前置放大器或调音台送来的信号进行功率放大，通过传输线驱动扬声器发声。

1）扩音机（相当于前置放大器及音响加工设备）

①扩音机的组成（图 3—3—2）。扩音机的功能是利用各种方法将较弱的音频信号输入电压加以放大，然后送到各用户设备。扩音机主要由前级放大器和功率放大器两部分组成。

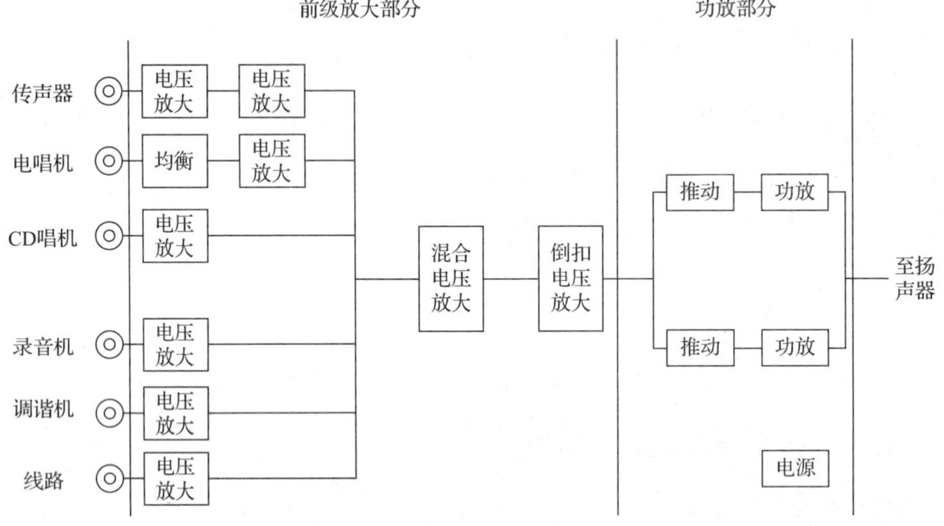


图 3—3—2　单声道扩音机组成框图

②扩音机的外形。如图 3—3—3 所示。

③扩音机的主要技术参数

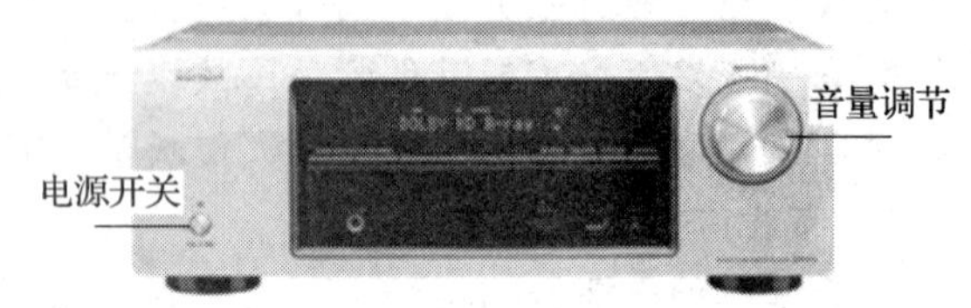


图 3—3—3　扩音机外形（前面板）

a. 额定输出功率。额定输出功率是指扩音机在一定负载电阻，一定谐波失真条件下，加入正弦波信号时负载电阻上获得的最大有效值功率。常用扩音机的额定输出功率有：5 W、15 W、25 W、50 W、100 W、150 W、250 W、275 W、500 W 和 1 000 W 等多种。在公共场所扩音机一般根据厅堂的规模和扩音的音质标准来选择。

b. 动态范围。扩音机输出最强和最弱的声压比，即声音强度变化的范围称为扩音动态范围。高质量的扩音设备要求动态范围一般不小于 55 dB，动态范围太小声音让人感到平淡、呆板、不逼真。

c. 失真度。失真度是指谐波失真的程度。普通扩音机，在规定的频率响应范围内，频率失真度要求应不大于 6%。

2）调音台（图 3—3—4）。调音台是调节声音的控制台，是专业音响系统中重要的设备之一。

调音台是整个音响系统中的一个中心设备，无论是在制作节目（如电影、电视、音乐等的录音）中，还是在剧场、歌舞厅等现场扩音、调音中，调音台都是一种对音频信号进行技术控制和艺术加工处理的重要音响设备。调音台在音响系统中的作用是把各个节目源输出的音频信号汇集在一起，进行控制调整、音质加工，并分配到所需要的通路（或声道）输出，常用的有 8 路、12 路、16 路、24 路等几种。

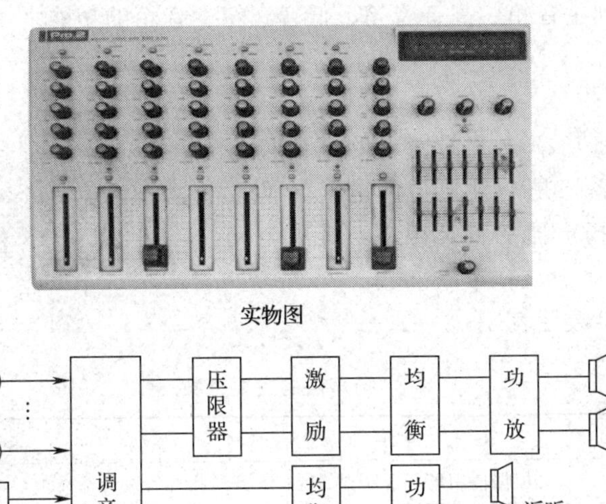

实物图

卡座
调谐器
CD
LD
(VCD、VTR)
A
V
调音台
压限器
激励
均衡
功放
主扬声器
均衡器
功放
返听
效果器
V
TV

框图

图 3—3—4　以调音台为中心的广播音响系统

调音台的作用，主要有以下几方面：

①输入信号（如话筒、激光唱机等）匹配。

②信号放大。

③信号高音、中音、低音音调效果的提升或衰减。

④将各路输入信号送入左、右母线，以决定单声或立体声工作方式。

⑤将各路输入信号送入预定工作的辅助母线，以满足艺术加工的需要。

⑥根据现场使用情况调节信号输出电平。

（3）传输线路

传输方式有三种：

1）高电平传输方式：传输线不必很粗。

2）低电平传输方式：传输线即所谓的“喇叭线”，要求使用截面面积粗的多股线。

3）调频载波传输方式：传输线使用如 CATV 的视频电缆。

礼堂、剧场、歌舞厅等，由于功率放大器与扬声器的距离不远，故一般采用低阻大电流的直接馈送方式；公共广播系统等，由于服务区域广、传输距离长，为了减少传输线路引起的损耗，往往采用高压传输方式；客房广播系统中，常使用与宾馆 CATV 共用的载波传输系统。

（4）扬声系统

扬声系统是声音的还原设备，其质量好坏，直接影响系统的效果。主要包括扬声器、分频器和音箱。扬声器是电声转换器，分频器主要把频率分成高通、带通、低通等几个频段，经功放放大后，送到主音箱、高音音箱、低音音箱。音箱的功能之一是提高扬声器的电声转换效率。

1）扬声设备

①扬声器。是将功率放大器送来的电信号还原成声音信号的设备，是一种典型的电声转换设备（图 3—3—5）。扬声器的种类很多，其中电动式扬声器应用最广。

扬声器的主要参数见表 3—3—1。

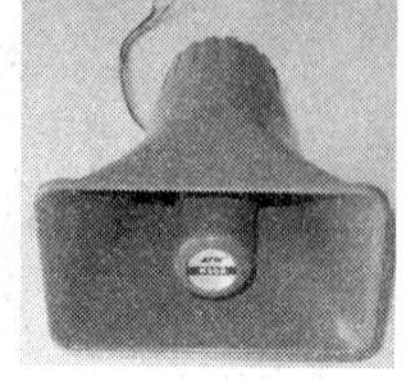

图 3—3—5　扬声器

**表 3—3—1　扬声器的主要参数**

| 名称 | | 特点 |
|---|---|---|
| 选择原则 | | 根据使用场所、厅堂的容积、音质指标等进行选择 |
| 布置方式 | 集中布置方式 | 在观众席的前方或前上方（一般是在台口上部或两侧）设置有适当指向性的扬声器或扬声器组合。将扬声器的主轴指向观众席的中、后部。这是剧场、礼堂及体育馆等处常用的布置方式。其优点是方向感好，观众的听觉和视觉一致，射向天花板、墙面的声能较少，直达声较强，清晰度高<br>集中式布置方式 |
| | 分散布置方式 | 在面积较大、天花板很低的厅，用集中式布置无法使声压均匀时，这就需要将许多个单个扬声器（一般是直射式扬声器）分散布置在顶棚上。分散布置方式可以使声压在室内均匀分布<br>分散式布置方式<br>存在问题：听众首先听到的是距自己最近的扬声器发出的声音，所以方向感不佳。若设置延时器，将附近的扬声器的发声推迟到一次声源的直达声到达之后，方向感可以明显改善；在这之后还会有远处的扬声器的声音陆续到达，使清晰度降低，为此必须严格控制各个扬声器的音量与指向性，但除非顶棚很低，否则这是很难做到的 |
| | 混合布置方式 | 既有集中布置方式又有分散布置方式的布置方法 |
| 主要技术指标 | | 主要是额定功率。额定功率是扬声器能承受而不致引起过热和机械性过负荷的交流电功率。选择扬声器时一定要注意加给扬声器的电功率一定不能超过扬声器的额定功率，以免造成扬声器失真和损坏 |

②音箱

a. 音箱的种类与外形。通常可分为草地音箱（图 3—3—6）和室内音柱（图 3—3—7）两大类。

图 3—3—6　草地音箱

图 3—3—7　室内音柱

b. 特点。各类草地音箱外壳由玻璃纤维复合材料制成，防水又坚固耐用，还可以做成各种各样的形状，和周围环境浑然一体。草地音箱适用于学校、公园、广场的绿化场所。室内音柱多采用木质外壳，具有卓越的频率响应和高效率性能，适合播放音乐及语音信息，一般安装在室内，常采用壁挂形式安装。

## 二、有线广播系统的基本制作

传输线路中大量使用音频线作为设备之间的连接通道。音频线（图 3—3—8）有平衡接法和不平衡接法两种。

不平衡接法（莲花头与音频线的连接）：音频信号线的正极（或负极）先于屏蔽线短接，然后，再分别接一路信号。

平衡接法（卡农头与音频线的连接）：平衡接法指的是两条信号线传送一对平衡的信号的连接方法。这是因为两条信号线受的干扰大小相同，相位相反，最终干扰相互抵消。这种接法音频信号线的正、负极线分别接一路信号（左、右声道）。

### 1. 莲花头与音频线的连接

（1）莲花头的外壳护套与插头芯，如图 3—3—9 所示。

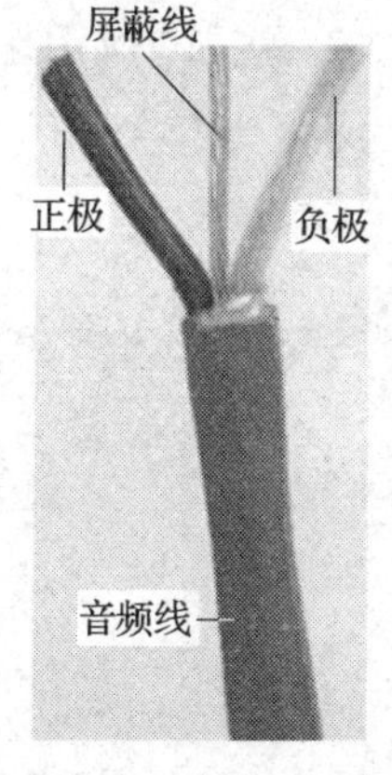


图 3—3—8　音频线

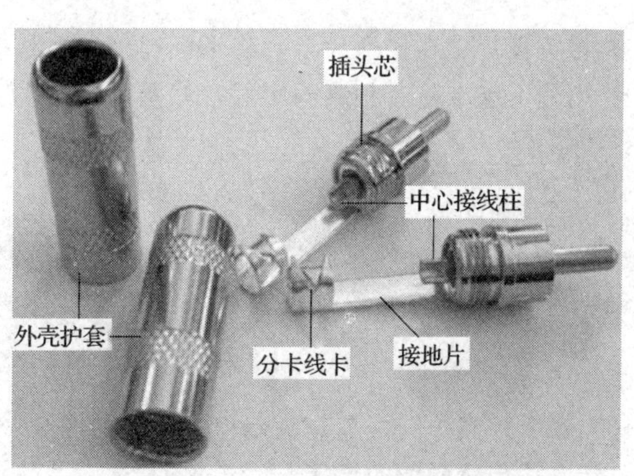


图 3—3—9　莲花头的结构

（2）将音频线穿过外壳护套，如图 3—3—10 所示。

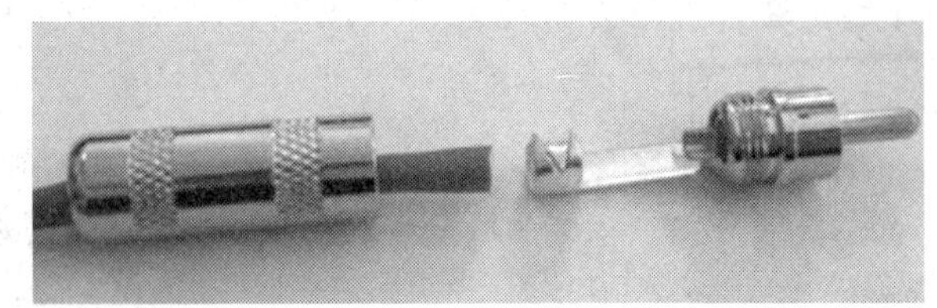

图 3—3—10　穿过外壳

（3）根据需要剥除音频线的护套层（约 2 cm），如图 3—3—11 所示。

（4）将音频线的负极与护套线拧在一起，如图 3—3—12 所示。

（5）分别给去除绝缘层的线芯上锡，如图 3—3—13 所示。

图 3—3—11　剥除护套层

图 3—3—12　拧在一起

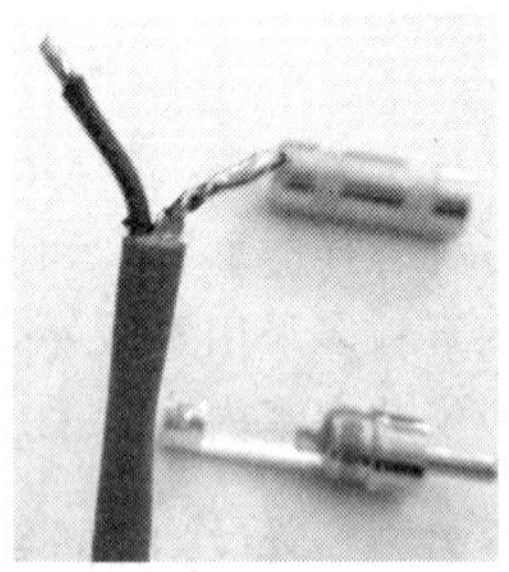

图 3—3—13　上锡

（6）掰开莲花头的分卡线卡，并在接地片和中心接线柱等处上锡，如图 3—3—14 所示。

（7）在正极套上一段热塑管，如图 3—3—15 所示。

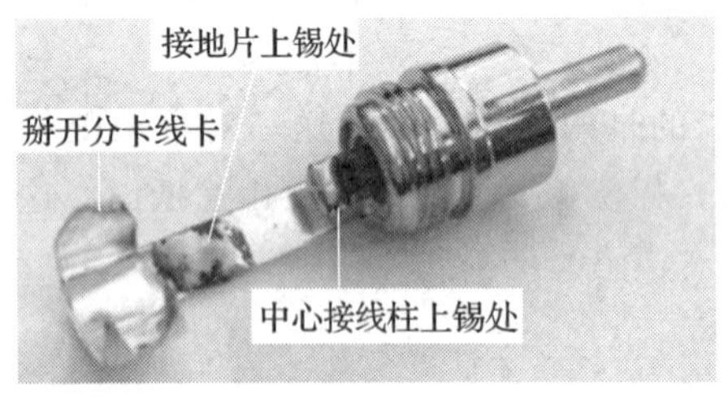


图 3—3—14　处理莲花头

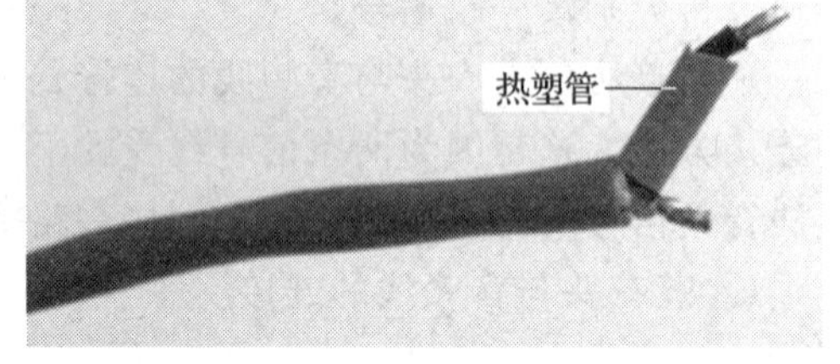


图 3—3—15　套上热塑管

（8）将负极焊接在接地片上，将正极焊接在中心接线柱上，如图 3—3—16 所示。

（9）用分卡线卡将音频线固定好，如图 3—3—17 所示。

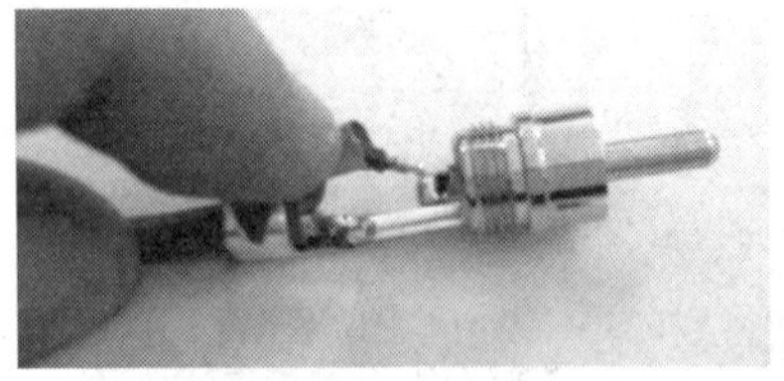

图 3—3—16　连接

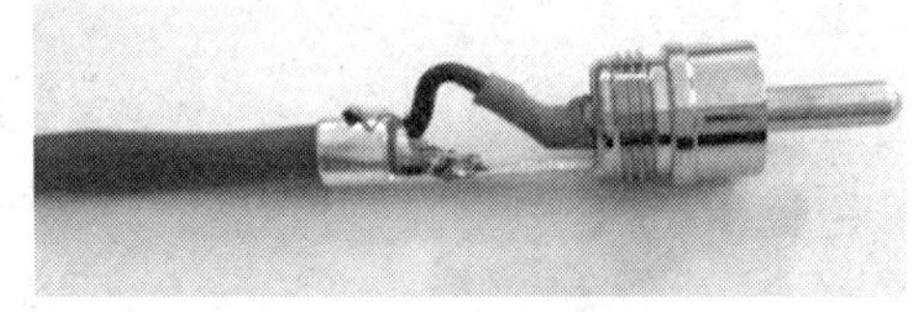

图 3—3—17　紧固音频线

（10）套上外壳护套，莲花头制作完成，如图 3—3—18 所示。

**2．卡农头与音频线的连接**

卡农头的外形，如图 3—3—19 所示。

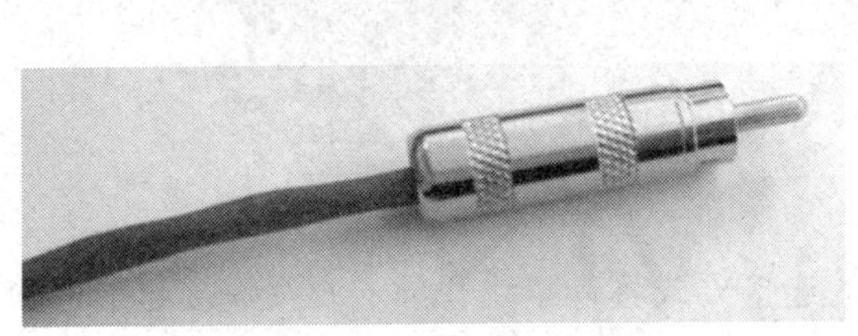

图 3—3—18　制作完成

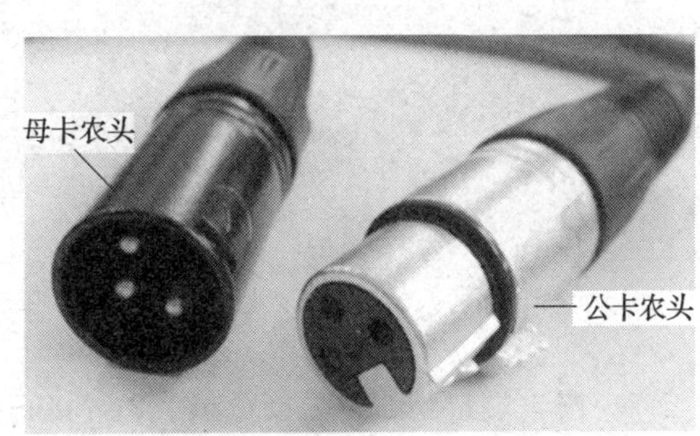


图 3—3—19　公、母卡农头

(1) 母卡农头（输出端）的制作

1）母卡农头的组件，如图 3—3—20 所示。

2）母卡农芯接线柱的极性，如图 3—3—21 所示。

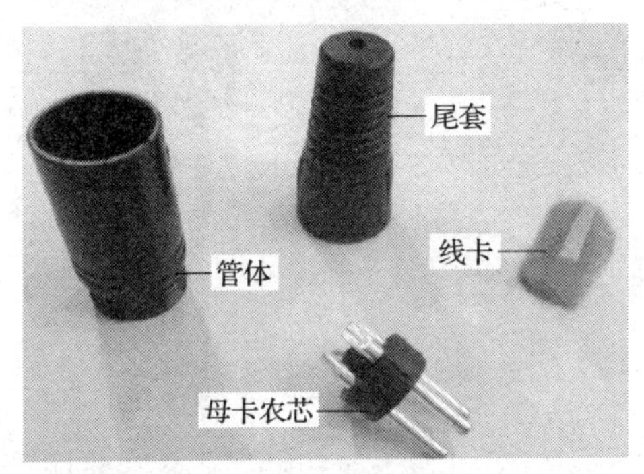


图 3—3—20　母卡农头的组件

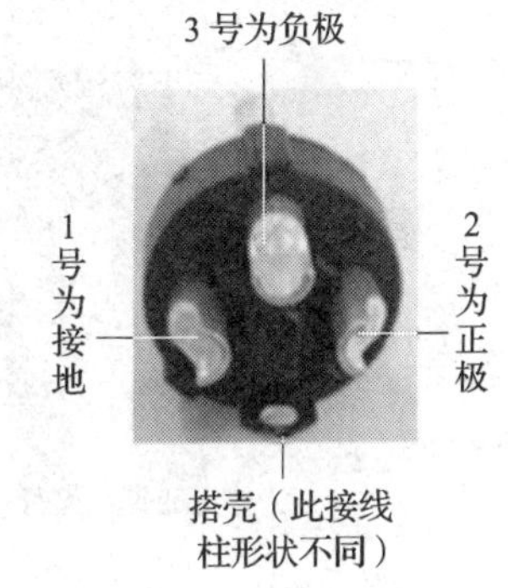


图 3—3—21　母卡农头接线柱的极性

3）OFC 无氧铜双芯音频线，如图 3—3—22 所示。

4）先去除屏蔽网，然后，将音频线分别穿过尾套和白色线卡，如图 3—3—23 所示。

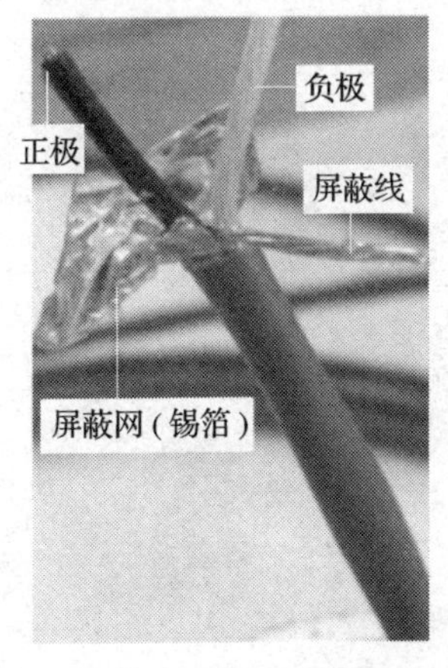


图 3—3—22　双芯音频线的结构

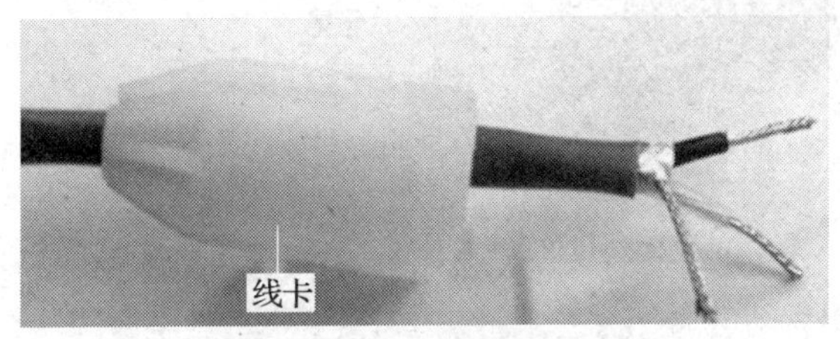


图 3—3—23　焊接前的准备

5）剥取绝缘层并给线芯上锡，如图 3—3—24 所示。

6）给母卡农头的接线柱上锡，如图 3—3—25 所示。

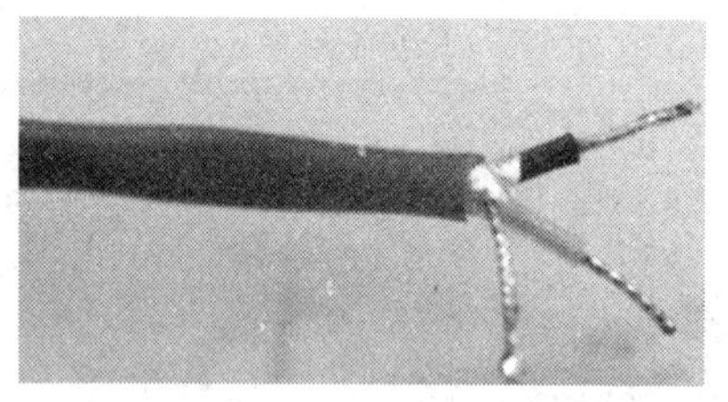

图 3—3—24　线头上锡

图 3—3—25　卡农头上锡

7）按 1 端接地、2 端接负极、3 端接正极的连接方式将音频线和母卡农头焊接起来，如图 3—3—26 所示。

8）将母卡农芯的接地接线柱和搭壳接线柱短接，如图 3—3—27 所示。

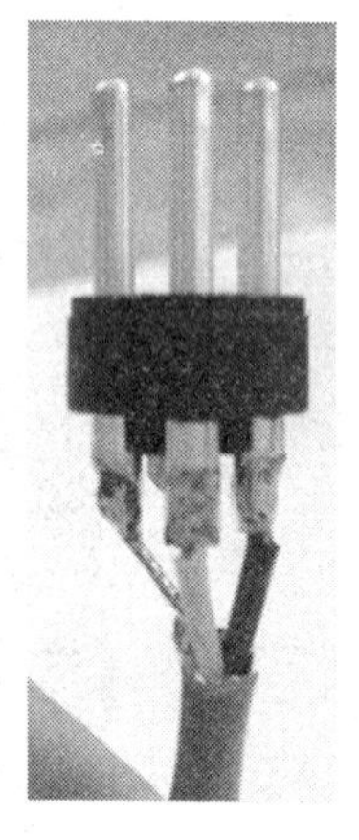

图 3—3—26　连接

图 3—3—27　搭接

9）对准凹凸槽，分别将卡农芯、线卡等插入管体，最后再将管尾套上，如图 3—3—28 所示。

（2）公卡农头（输入端）的制作

1）公卡农头的组件，如图 3—3—29 所示。

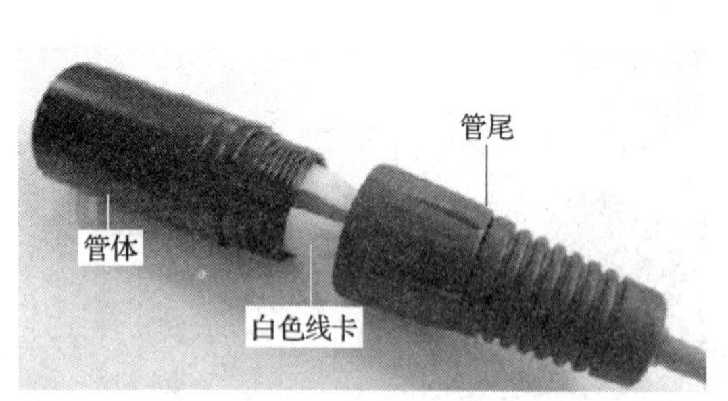


图 3—3—28　母卡农头制作完成

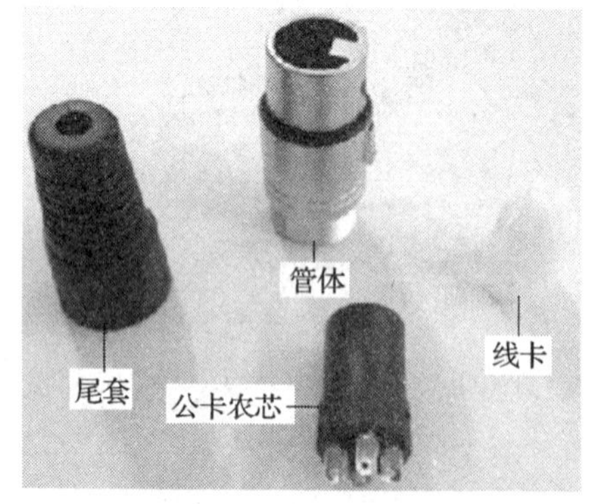


图 3—3—29　公卡农头的组件

2）公卡农芯接线柱的极性（注意：公卡农芯的 1 号、2 号接线柱的位置和母卡农芯的 1 号、2 号接线柱位置正好相反），如图 3—3—30 所示。

3）公卡农头与音频线的连接方法和母卡农头完全一样，连接完成后的样子如图3—3—31所示（注意正极与屏蔽线的焊接位置）。

4）装封完成公卡农头的制作，如图 3—3—32 所示。

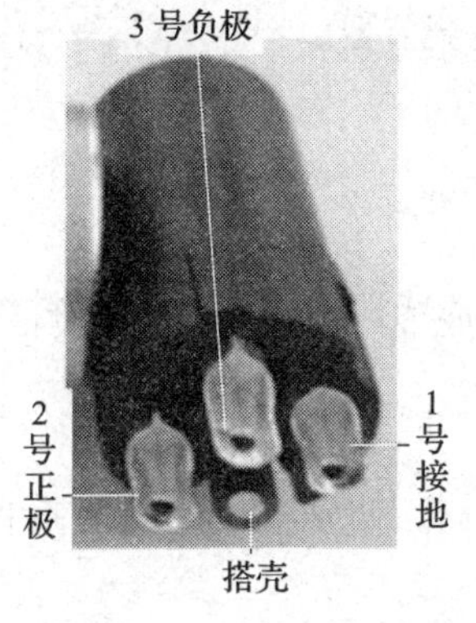

图 3—3—30　接线柱的极性

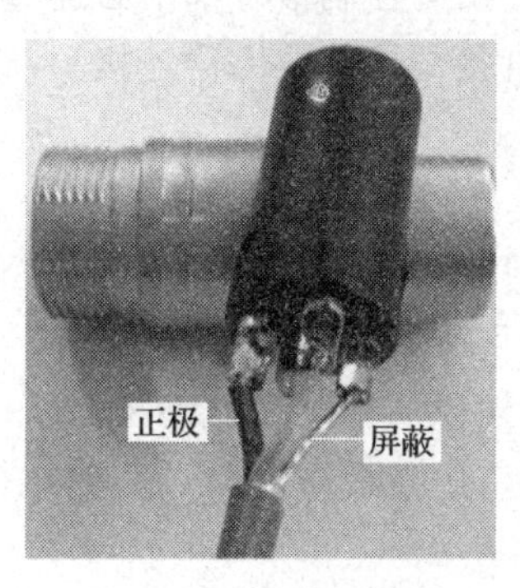

图 3—3—31　完成连接

图 3—3—32　公卡农头制作完成

## 三、有线广播系统的故障及维修

有线广播系统的常见故障，主要有系统没有电源、节目不定时、没有音频信号、无寻呼信号和无消防信号几种。

**1. 系统没有电源**

检查总开关，利用万用表测量有无输入电源电压。

**2. 没有音频信号输出**

首先拆掉功放后面的负载，然后观察功放信号指示。如果有信号指示，说明问题出在功放后面；如果没有信号指示，说明问题出在功放前面。

**3. 节目没有定时**

检查定时器中的定时点设置是否正确。

**4. 无寻呼信号输出**

检查寻呼器时切断寻呼功放后面的负载，再手动寻呼看功放信号指示灯是否正常工作。如果以上方法还没有解决问题，那就要考虑寻呼话筒通信是否有问题。

**5. 无消防报警信号输出**

拆下消防报警通信模块（8803T），在另外一台功放上测试确认是否完好，及报警信号是否是在正常范围。特别是高电平和低电平与前级报警设备是否一致。

## 四、紧急广播应具有的功能

1. 优先广播权功能，即发生火灾时，利用消防广播信号可自动中断背景音乐和寻呼等广播。

2. 选区广播功能，即发生火灾时，为防止发生混乱，应向火灾区及其相邻的区域广播。如建筑物 8 层发生火灾时，选区广播应向 7、8、9 层三个区域发出紧急广播。

3. 强制切换功能，即发生火灾时，不论背景音乐的音量是多大，转为紧急广播时，扬声器都进入最大音量输出状态。

4. 消防值班室必须有紧急广播分控台，它能遥控公共广播系统的开机、关机。

5. 对紧急广播分区切换器的要求

（1）切换器的切换开关应与广播分区号相对应。

（2）切换器向任意楼层分线箱送出的控制信号都不必经过音量调节器。

（3）电梯轿厢中所用的扬声器直接与功率放大器连接。

## 五、线路敷设要求

1. 旅馆客房的广播线路，宜采用线对为绞型的电缆，其他广播线路可采用铜芯塑料绞合线。广播线路需穿管或线槽敷设。

2. 不同分路的导线宜采用不同颜色的绝缘线加以区别。

3. 与路灯照明线路同杆架设时，广播线应在路灯照明线的下面，两种导线之间的垂直距离应不小于 1 m。

4. 广播馈线距地最低距离：人行道上，不宜小于 4.5 m；跨越车行道时，不宜小于 5.5 m；广播用户入户线高度应不小于 3 m。

5. 广播线路穿越钢管时，钢管应做接地保护。

6. 调音台、功放柜、线路屏蔽层都应接地，且接地电阻不应大于 4 Ω。

## 一、实训目的

1. 能识别建筑广播系统的设备和元件。

2. 会制作带莲花头的音频线并能正确使用工具。

3. 会制作带卡农头的音频线并能正确使用工具。

4、能排除有线广播系统的常见故障。

## 二、实训器材（表 3—3—2）

表 3—3—2　　实训器材

| 序号 | 名称 | 数量 |
|---|---|---|
| 1 | 莲花头 | 5 个 |
| 2 | 卡农头 | 5 个 |
| 3 | 音频线 | 2 m |
| 4 | 剥线器、电工刀、电烙铁等 | 各 1 把 |
| 5 | 焊锡、松香 | 若干 |
| 6 | 有线广播系统 | 1 套 |

## 三、实训内容

1. 剥削音频线。
2. 给音频线、莲花头和卡农头上锡。
3. 制作带莲花头或卡农头的音频线。
4. 会排除有线广播系统的常见故障。

## 四、评分标准（表 3—3—3）

**表 3—3—3　　实训评价**

| 内容 | 要求 | 配分 | 评分标准 | 扣分 | 得分 |
|---|---|---|---|---|---|
| 制作带莲花头（或卡农头）的音频线 | 1. 制作步骤要正确<br>2. 连接要牢固可靠<br>3. 连接处无毛刺 | 50 | 1. 过长、过短扣 2 分<br>2. 剥去外皮长度不合适扣 3 分<br>3. 制作过程不规范扣 5 分<br>4. 上锡不够或过多扣 5 分<br>5. 焊接不良每处扣 3 分<br>6. 有毛刺每处扣 1 分 | | |
| 常见故障排除 | 1. 不能错排，也不能漏排<br>2. 排除故障步骤要正确 | 40 | 1. 漏排故障每处扣 5 分<br>2. 错排故障每处扣 3 分<br>3. 扩大故障扣完该项得分 | | |
| 评测 | 由教师完成 | 10 | 1. 能按照安全规范操作得 5 分<br>2. 完成操作后整理工具得 5 分 | | |

# 课题四　建筑程控电话系统的安装与操作

1. 了解程控电话系统的组成与各部分的作用。
2. 会 RJ—11 语音跳线的制作。
3. 会组建程控电话系统。
4. 会程控电话系统的编程与设置。

## 一、程控电话系统的组成和结构

程控电话系统是将语音信息转化为电流（光）信息进行传输，然后再将电流（光）信号转换成语音信号的系统。该系统主要由程控交换机、传输设备和用户终端设备组成，如图 3—4—1 所示。

图 3—4—1　程控电话系统的原理图

程控电话系统结构框图如图 3—4—2 所示。

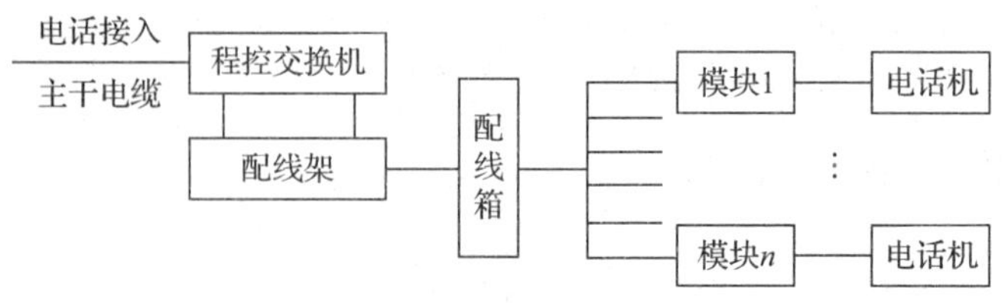

图 3—4—2　程控电话系统的结构框图

**1. 程控交换机**

程控交换机采用了电子计算机控制，它是利用预先编好的程序来控制交换机连续动作的语音服务系统。它大致分为用于宾馆、学校、机关等场所的中心程控交换机和用于家庭的家庭用程控交换机。

（1）中心程控交换机

它主要由机架和各种插板组成，如图 3—4—3 所示。

主要插板如图 3—4—4、图 3—4—5、图 3—4—6、图 3—4—7、图 3—4—8 所示。

（2）家庭用程控交换机

家庭用程控交换机如图 3—4—9 所示。

图 3—4—3　中心程控交换机

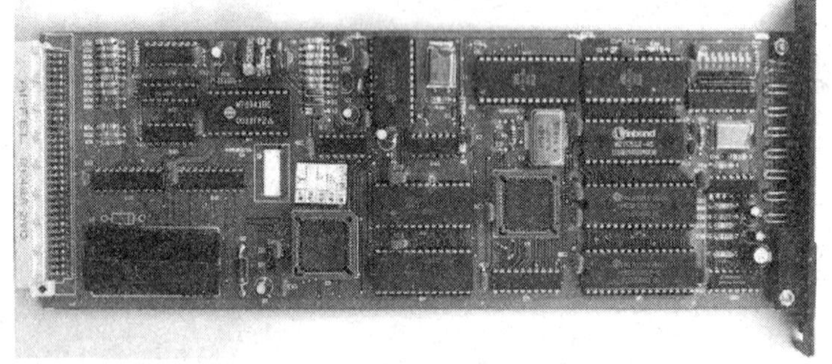
图 3—4—4　主控板

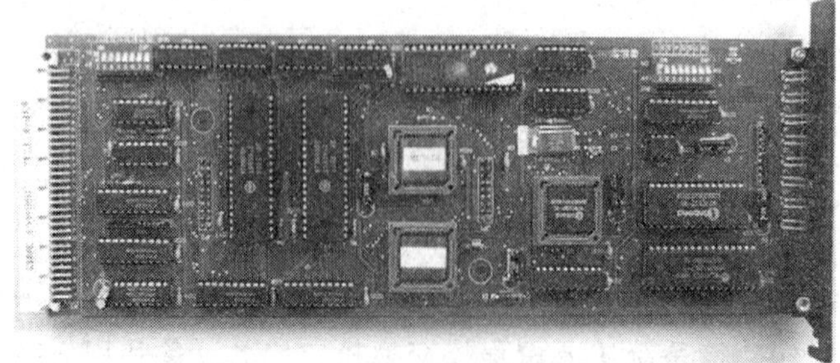
图 3—4—5　分机板

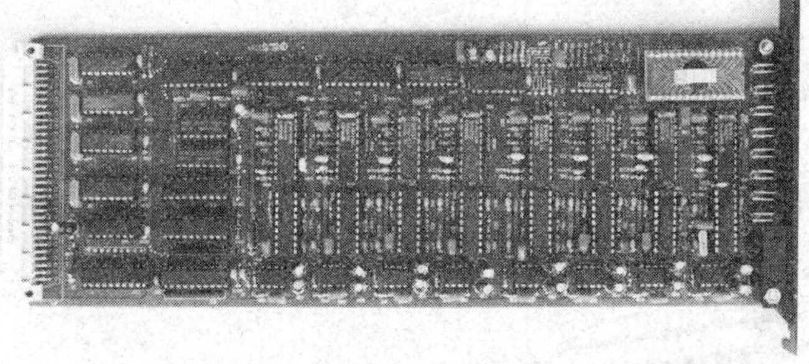

图 3—4—6　音令板

图 3—4—7　中继板

图 3—4—8　用户板

**2. 110 语音配线架**

110 语音配线架主要用于电话网络的管理，实物如图 3—4—10 所示。

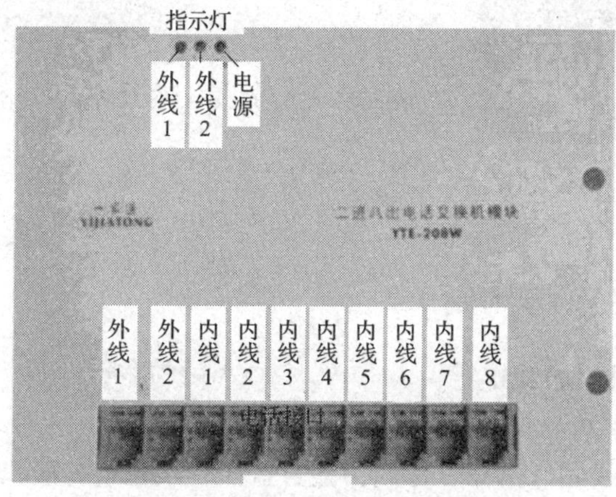


图 3—4—9　家庭用程控交换机

（1）配线箱

配线箱主要用于管理电话网络的布线，如图 3—4—11 所示。它主要由箱体、背架与模块等组成，如图 3—4—12、图 3—4—13 所示。

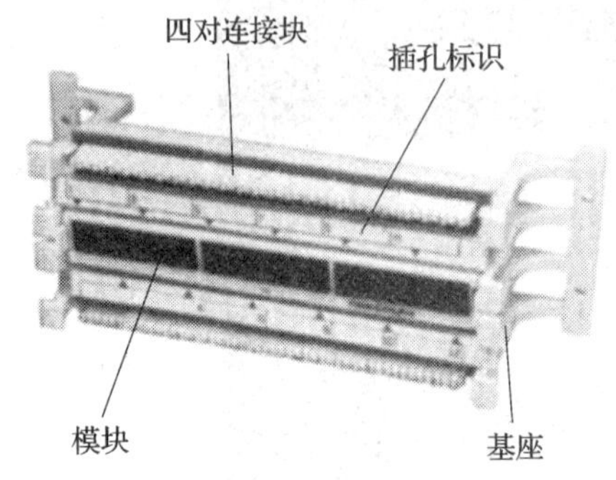


图 3—4—10　110 语音配线架

图 3—4—11　配线箱

图 3—4—12　背板

图 3—4—13　模块

（2）电话插座

电话插座主要用于电话的连接，如图 3—4—14 所示，主要由面板与电话模块组成（图 3—4—15）。

图 3—4—14　电话插座

图 3—4—15　电话模块

## 二、程控电话系统的基本制作

### 1. 电话（语音）跳线的制作

（1）电话用 RJ－11 水晶头如图 3—4—16 所示。

（2）四芯电话线（线芯有白棕、棕和白蓝、蓝四种颜色，一般只使用其中间两根）如图 3—4—17 所示。

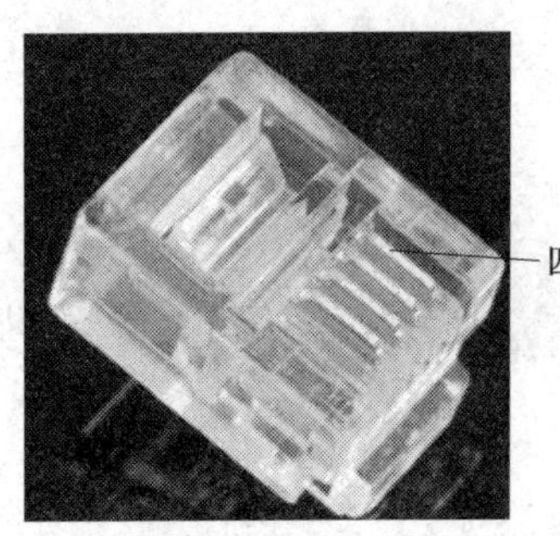


图 3—4—16　水晶头

图 3—4—17　电话线

（3）用压线钳剥去电话线的白色护套层 15 mm，露出电话线的芯线，并捋顺，如图 3—4—18所示。

（4）利用压线钳的切线钳口把电话线顶部剪切整齐，如图 3—4—19 所示。

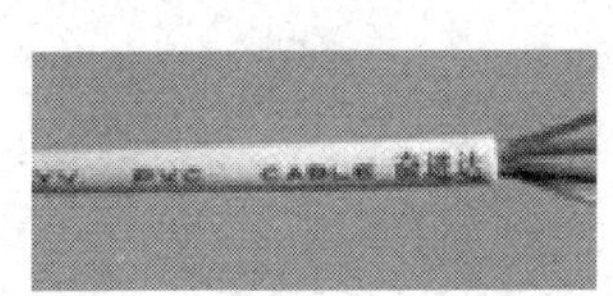

图 3—4—18　剥去护套层

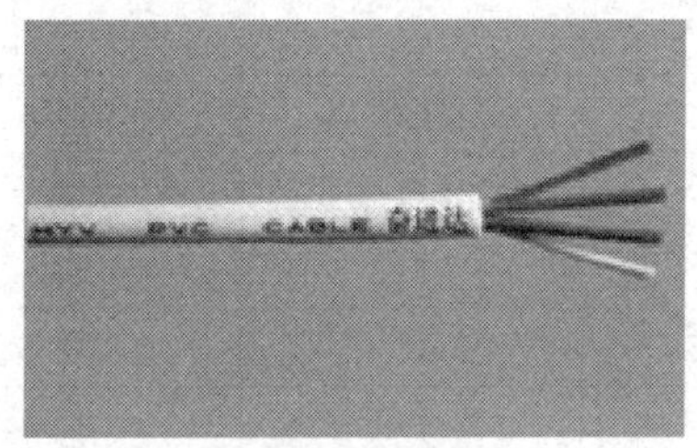

图 3—4—19　修整线芯

（5）把修整好的电话线插入水晶头里，注意：插入时，将水晶头有针脚（铜材料制作而成）的一端朝上；另外，电话线要一插到底，如图 3—4—20 所示。

（6）将插好电话线的水晶头放入压线钳的 RJ－11 压线口，用力握紧压线钳的手柄直到听到“啪”的一声轻响，如图 3—4—21 所示。

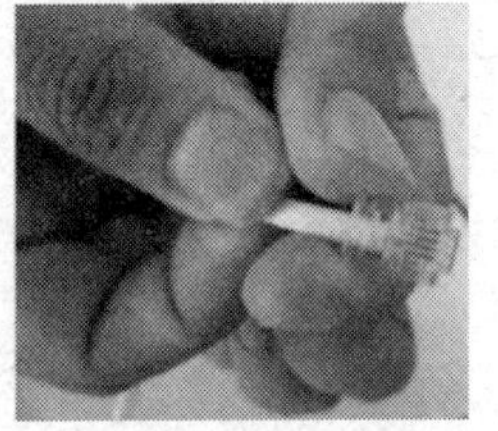

图 3—4—20　将电话线插入水晶头

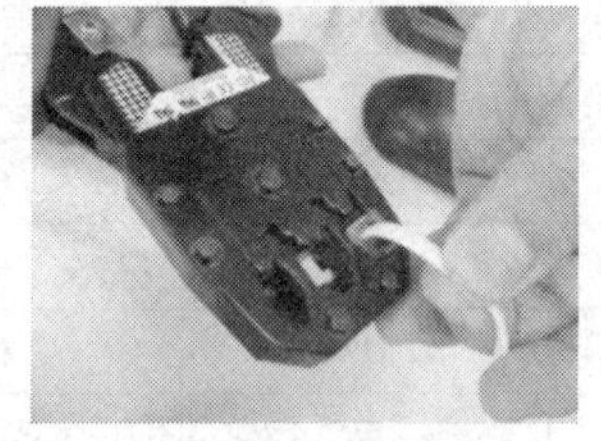

图 3—4—21　压线

（7）用手扳起水晶头的塑料弹簧片，将制作好的跳线从压线钳中取出来。如图 3—4—22 所示，跳线制作完成。

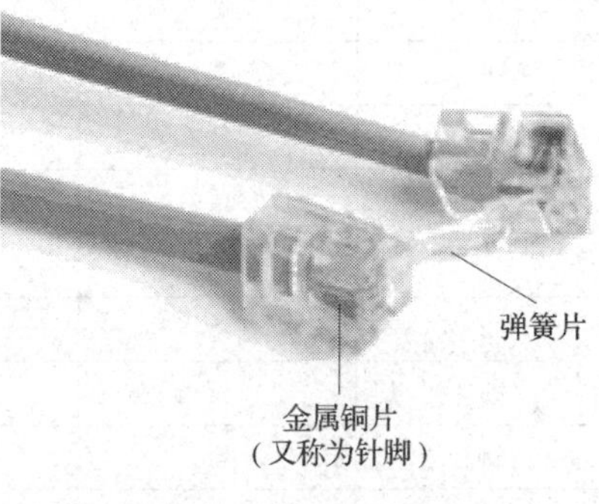


图 3—4—22　跳线

**2. 110 配线架与电话模块的打线制作**

（1）打线工具如图 3—4—23、图 3—4—24 所示。

（2）用剥线工具将电话线或大对数电缆的护套层剥去足够长度，并按标准将线芯排放在 110 配线架的相应卡槽上。线对排放顺序标准见表 3—4—1（电话线没有顺序要求）。

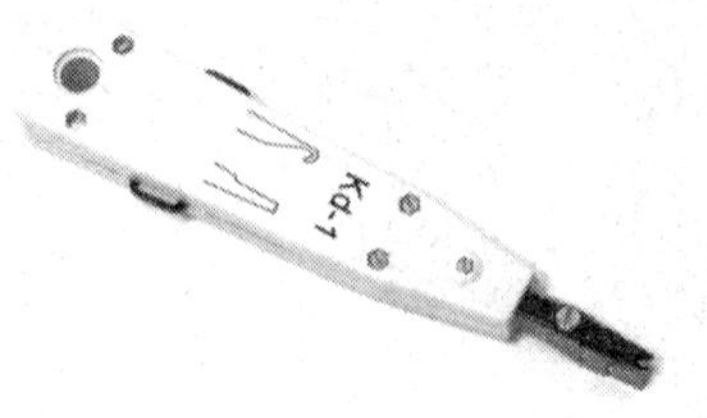


图 3—4—23　打线钳

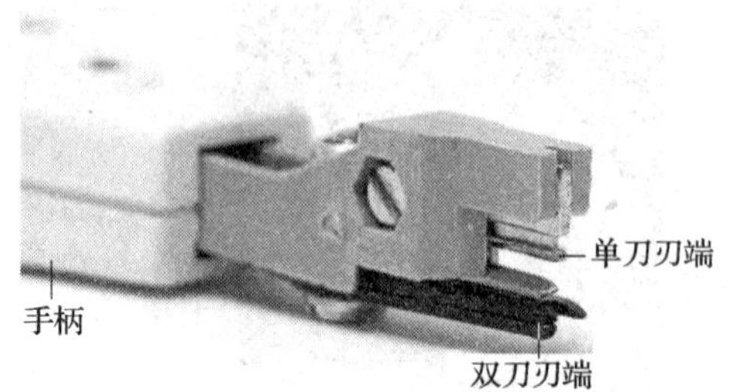


图 3—4—24　打线钳头端

**表 3—4—1**　　**110 配线架打线顺序表**

<table>
<tr><td colspan="3" rowspan="2">25 对线色标</td><td colspan="2">线束组</td></tr>
<tr><td colspan="2">标准</td></tr>
<tr><td rowspan="2"></td><td colspan="2">色标</td><td rowspan="2">12—13<br>线对单元</td><td rowspan="2">25<br>线对单元</td></tr>
<tr><td>端部</td><td>环箍</td></tr>
<tr><td>1</td><td>白</td><td>蓝</td><td rowspan="12">12</td><td rowspan="25">25</td></tr>
<tr><td>2</td><td>白</td><td>橙</td></tr>
<tr><td>3</td><td>白</td><td>绿</td></tr>
<tr><td>4</td><td>白</td><td>棕</td></tr>
<tr><td>5</td><td>白</td><td>蓝灰</td></tr>
<tr><td>6</td><td>红</td><td>蓝</td></tr>
<tr><td>7</td><td>红</td><td>橙</td></tr>
<tr><td>8</td><td>红</td><td>绿</td></tr>
<tr><td>9</td><td>红</td><td>棕</td></tr>
<tr><td>10</td><td>红</td><td>蓝灰</td></tr>
<tr><td>11</td><td>黑</td><td>蓝</td></tr>
<tr><td>12</td><td>黑</td><td>橙</td></tr>
<tr><td>13</td><td>黑</td><td>绿</td><td rowspan="13">13</td></tr>
<tr><td>14</td><td>黑</td><td>棕</td></tr>
<tr><td>15</td><td>黑</td><td>蓝灰</td></tr>
<tr><td>16</td><td>黄</td><td>蓝</td></tr>
<tr><td>17</td><td>黄</td><td>橙</td></tr>
<tr><td>18</td><td>黄</td><td>绿</td></tr>
<tr><td>19</td><td>黄</td><td>棕</td></tr>
<tr><td>20</td><td>黄</td><td>蓝灰</td></tr>
<tr><td>21</td><td>紫</td><td>蓝</td></tr>
<tr><td>22</td><td>紫</td><td>橙</td></tr>
<tr><td>23</td><td>紫</td><td>绿</td></tr>
<tr><td>24</td><td>紫</td><td>棕</td></tr>
<tr><td>25</td><td>紫</td><td>蓝灰</td></tr>
</table>

（3）握着打线钳的手柄，将钳头轻轻压在已放好线的 110 配线架或电话模块的卡槽上（注意：双刀刃面在里，单刀刃面在外。方向用反可能会将音频线切断，造成断路故障）。用力向下压打线钳，当听到“咔”的一声，表示已将芯线卡入 110 配线架或电话模块的卡槽内。

（4）重复第三步操作，直到所有芯线都被接入到卡槽内。

## 三、程控电话系统的组建与设置

程控电话系统的组建与设置包括组建程控电话网和程控电话系统的编程与设置两部分。

### 1. 组建程控电话网

（1）家庭用程控交换机后面板如图 3—4—25 所示。

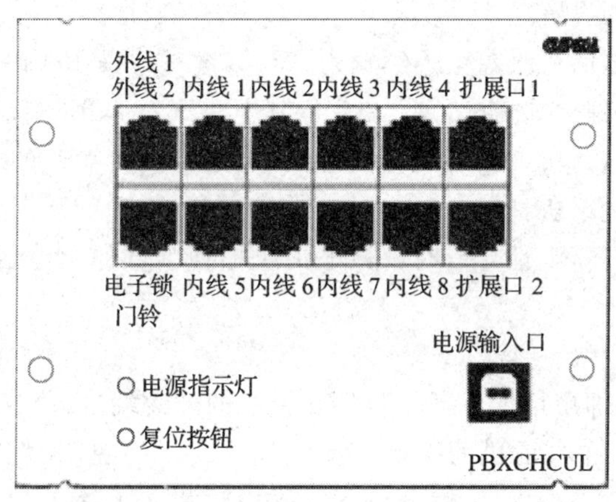


图 3—4—25　2 进 8 出程控交换机面板

（2）2 进 8 出程控交换机的安装方法如图 3—4—26 所示。

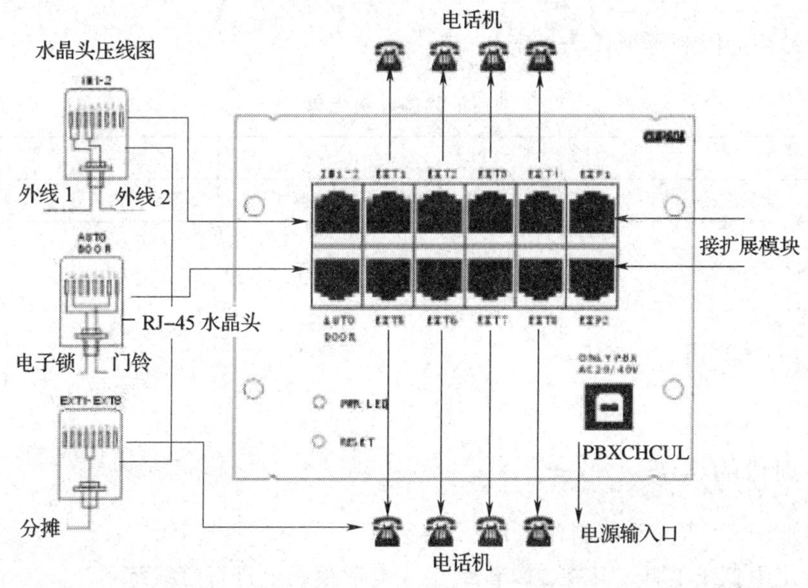


图 3—4—26　2 进 8 出程控交换机安装示意图

（3）取两根制作好的 RJ－11 电话跳线，有 RJ－11 水晶头的一端插接在程控交换机的任意一个内线插孔中，另一端打接在电话模块的卡槽内。

（4）再取两根两端都有 RJ－11 水晶头的电话跳线，一端插入已制作好的电话模块中，另一端插入电话机中。两台电话机的局域网组建完成。

**2. 程控电话系统的编程与设置**

（1）进入系统编程

提起已经连接好的电话机 1（或电话机 2），在键盘上连续输入“ * ”键＋“操作代码”＋“系统密码”＋“#”键（如 * 012008#，“01”为操作代码，“2008”为密码），听到“嘟”的一声，表示程控交换机已进入编程状态，可以进行编程操作（注意此时绝对不能挂机）。

（2）更改分机号码的设置

在编程状态下，在电话机键盘上连续输入“ * ”键＋“操作代码”＋“原电话号码”＋“新电话号码”＋“#”键（如 * 6 802 222#，其中，“6”为操作代码，“802”为电话机 2 原分机号码，“222”为电话机 2 新设的分机号码），当听到“嘟”的一声后，表明新电话号码设置成功，此时，将电话机挂机。

用另一台电话机拨打新电话号码时，该电话机振铃（例如用电话机 1 拨打“222”电话号码，电话机 2 振铃）。

（3）设定分机呼出等级

1）先将电话外线（即市话线）插入程控交换机的外线端口。

2）在编程状态下，在电话机的键盘上连续输入“ * ”键＋“操作代码”＋“分机号码”＋“限制等级代码”＋“#”键（例如：在电话机 1 上输入“ * 51 801 1#”。其中，“51”为操作代码，“801”为电话机 1 的分机号码，“1”为限制等级代码）。当听到“嘟”的一声，该电话机限制等级设置成功，可以将电话机挂机（此后电话机 1 可以拨打所有电话号码）。

3）几种常用的限制等级代码见表 3—4—2。

**表 3—4—2　　常用的限制等级代码**

| 代码 | 0 | 1 | 2 | 3 | 6 |
|---|---|---|---|---|---|
| 限制等级 | 只能拨打特许电话 | 呼出无限制 | 限制国际长途 | 限制国内长途 | 限制外线 |

## 一、实训目的

1. 掌握 RJ－11 水晶头的制作。
2. 学会使用打线工具，并在 110 配线架或电话模块上进行打线练习。
3. 能组建局域程控电话网，并掌握程控电话网的编程与设置方法。

## 二、实训器材（表 3—4—3）

表 3—4—3　　实训器材

| 序号 | 名称 | 数量 |
|---|---|---|
| 1 | RJ—11 水晶头 | 10 个 |
| 2 | 110 配线架 | 1 个 |
| 3 | 电话线 | 4 m |
| 4 | 压线钳、电工刀、打线钳等 | 各 1 把 |
| 5 | 家庭用程控交换机 | 1 台 |
| 6 | 电话机 | 2 部 |

## 三、实训内容

1. 制作两端都有 RJ－11 水晶头的电话跳线两条。

2. 取一条电话线，一端用打线钳将其打接在电话模块的卡槽内，另一端用压线钳将其压接在 RJ－11 水晶头内，将 RJ－11 水晶头插入程控交换机的内线 1 的插孔里。按照上述方法再制作一条。

3. 进行程控交换机的编程与设置。

## 四、评分标准（表 3—4—4）

表 3—4—4　　打线制作评分标准

| 内容 | 要求 | 配分 | 评分标准 | 扣分 | 得分 |
|---|---|---|---|---|---|
| 打线制作 | 1. 打线步骤要正确<br>2. 打线连接要牢固可靠 | 45 | 1. 制作过程不规范扣 10 分<br>2. 顺序不对每条扣 2 分<br>3. 接触不良每处扣 3 分 | | |
| 编程与设置 | 1. 设备连接要正确<br>2. 编程步骤要正确<br>3. 设置步骤要正确<br>4. 设置完成后应能正常通话 | 45 | 1. 连接错误扣 20 分<br>2. 编程错误一步扣 5 分 | | |
| 评测 | 由教师完成 | 10 | 1. 断线、短路，按 0 分处理<br>2. 不能通话得 0 分 | | |

# 课题五　综合布线各系统的测试

线路的测试是综合布线的一项主要内容，因为线路连接质量的好坏直接关系到数据、视频、音频三个子系统能否正常工作，所以掌握系统的测试方法十分重要。

## 学习目标

1. 学会网络测试仪的开关机。
2. 学会网线断路和短路的测试方法。
3. 学会测试网线线对连接错误。
4. 了解光纤连接的技术参数。
5. 了解福禄克—时域测试仪的结构。
6. 会使用时域测试仪测量技术参数。

## 一、网络测试仪的使用方法

### 1. 网络测试仪概述

（1）网络测试仪的结构

如图 3—5—1 所示，为某品牌网络测试仪，它由主测试器和远端测试器两部分组成。

（2）网络测试仪的组成

主要由发送单元和接收单元组成，如图 3—5—2 所示。

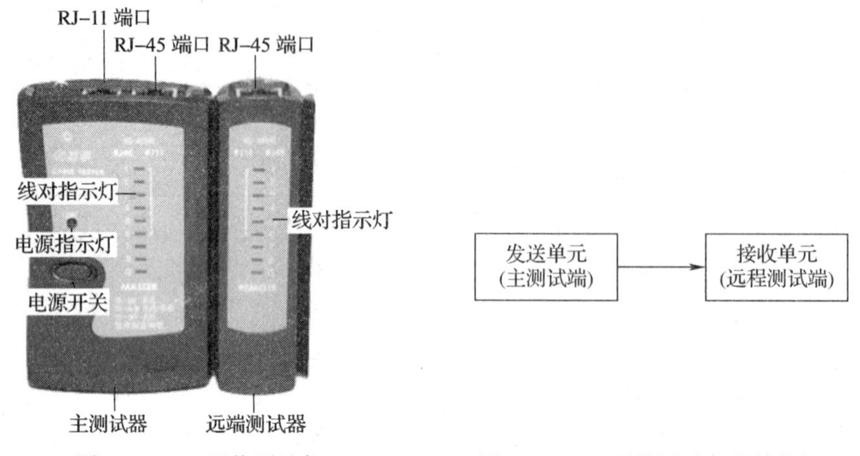


图 3—5—1　网络测试仪　　　图 3—5—2　网络测试仪的结构框图

（3）网络测试仪的工作原理

发送单元的结构如图 3—5—3 所示。

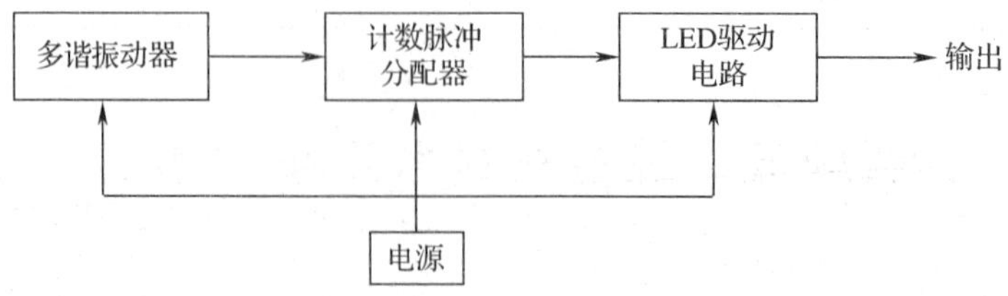


图 3—5—3　发送单元结构框图

其中，多谐振动器的主要作用是产生矩形脉冲，十进制计数器/脉冲分配器的主要作用是在相应的管脚上产生网络测试脉冲，该网络测试脉冲一方面通过 LED 驱动电路点亮主测试端上相应的 LED 指示灯，另一方面将信号发送到远程测试端。

接收单元的结构如图 3—5—4 所示。

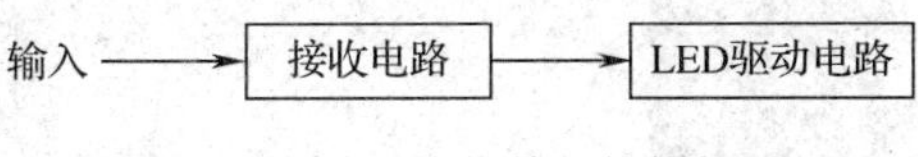


图 3—5—4 接收单元结构框图

其中，接收电路将网络测试脉冲接收下来，并送给远程测试端的 LED 驱动电路，点亮远程测试端相应的 LED 指示灯。

**2. 网络测试方法**

（1）网线的分类

1）直通连线。两头网线线序完全相同的网络连接方式。如：

T568A ←——→ T568A

T568B ←——→ T568B

一般用于集线器（交换机）的级联、服务器与集线器（交换机）的级联、集线器（交换机）与计算机的级联等连接。

2）交错线连线。两头网线线序不相同的网络连接方式。如：

T568A ←——→ T568B

一般用于计算机与计算机的级联、集线器与集线器的级联、交换机与交换机的级联等连接。

（2）连接

1）跳线与网络测试仪的连接。分别将网络跳线两端的 RJ－45 水晶头插入网络测试仪的主测试端和远程测试端的 RJ－45 端口，如图 3—4—5 所示。

2）模块（或跳线架）与网络测试仪的连接

①选择两根网络跳线，其中一根网络跳线的一端插接在模块的 RJ－45 端口，另一端插接在网络测试仪主测试端的 RJ－45 端口。

②模块和跳线架利用网线连接起来。

③另一根网络跳线的一端插接在跳线架的 RJ－45 端口，另一端插接在网络测试仪远程测试端的 RJ－45 端口，连接完成。

（3）开通网络测试仪

如图 3—5—6 所示，将开关搬到 ON 位置。其中，OFF 为关断，ON 为开通，S 为慢速挡。

（4）根据测试结果判断网络连接情况

1）网络连接正常时的测试现象

①直通连线的测试现象。此时，主测试端的指示灯由 1 到 8 逐个闪亮，远程测试端的指示灯同样由 1 到 8 逐个闪亮。这说明网络连接没有问题。

②交错线连线的测试现象。此时，主测试端的指示灯由 1 到 8 逐个闪亮，远程测试端的指示灯却按照 3、6、1、4、5、2、7、8 的顺序闪亮。这说明网络连接没有问题。

2）网络连接故障时的测试现象。

①网络连线断路时的现象

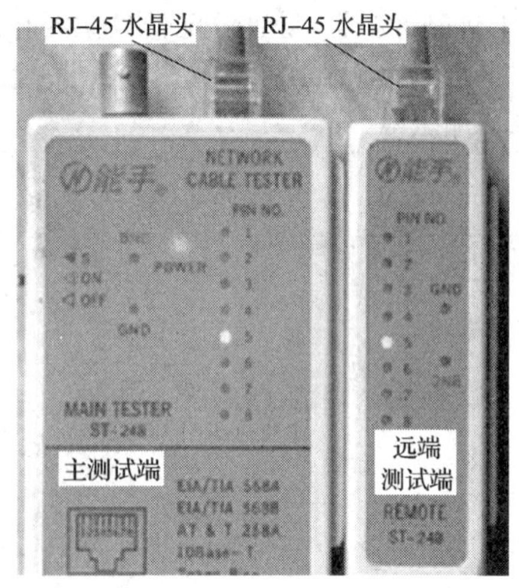


图 3—5—5　测试网线

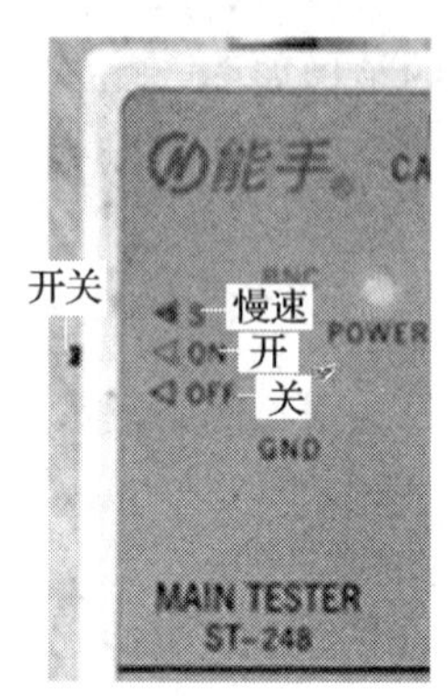


图 3—5—6　网络测试仪开关局部图

a. 当有 1～6 根芯线断路时，主测试端和远程测试端的对应线号的指示灯都不亮，其他的指示灯依然可以逐个闪亮（例如：当 5 号芯线断路时，主测试端和远程测试端的 5 号指示灯都不亮，其他的 1、2、3、4、6 号指示灯顺序被点亮。再如：当 2、4 芯线断路时，主测试端和远程测试端的 2、4 号的指示灯都不亮，其他的 1、3、5、6 号指示灯顺序被点亮）。

b. 当有 7～8 根芯线（超过 6 根以上芯线）断路时，主测试端和远程测试端的对应线号的指示灯都不亮。

②网络连线短路时的现象

a. 当只有 2 条芯线短路时，主测试端的指示灯仍然按着从 1 到 8 的顺序逐个闪亮，而远程测试端除了 2 条短路的芯线所对应的指示灯将被同点亮外，其他的指示灯仍按正常的顺序逐个闪亮（如：2 号和 3 号芯线之间短路了，远程测试端指示灯闪亮的顺序为 1、2 和 3 一起、4、5、6、7、8）。

b. 当 2 条以上芯线短路时，主测试端的指示灯仍然按着从 1 到 8 的顺序逐个闪亮，而远程测试端所有短路的芯线所对应的指示灯都不亮（如：3 号、4 号和 5 号三根芯线之间短路了，远程测试端指示灯闪亮的顺序为 1、2、6、7、8）。

③网络连线两端的线序不正确时的现象。主测试端的指示灯由 1 到 8 逐个闪亮，远程测试端的指示灯也会逐个闪亮。但是既不按直通连线的顺序逐个闪亮，也不按交错线连线的顺序逐个闪亮。

**3. 智能网络测试仪**

多功能智能网络测试仪（简称智能网络测试仪）不仅可以测量电缆（包括网线）的各种参数，而且还可以测量光缆、同轴电缆的各种参数，是一种用途广泛的测量仪器。

（1）智能网络测试仪的外形

智能网络测试仪由主测试端和远程测试端组成，如图 3—5—7 所示。

（2）智能网络测试仪的保养

1）保障仪器清洁，轻拿轻放。

2）定期设定基准，一般每月进行一次。

3）保持环境温度在 10～40℃。

4）定时给仪器充电。

（3）智能网络测试仪的使用

1）智能网络测试仪面板如图 3—5—8 所示。

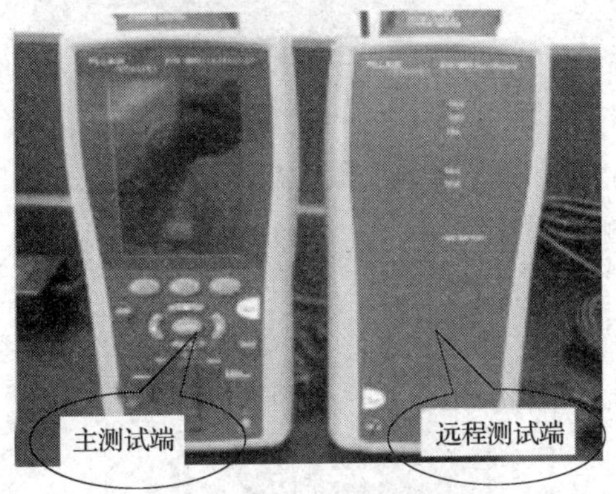


图 3—5—7　智能网络测试仪

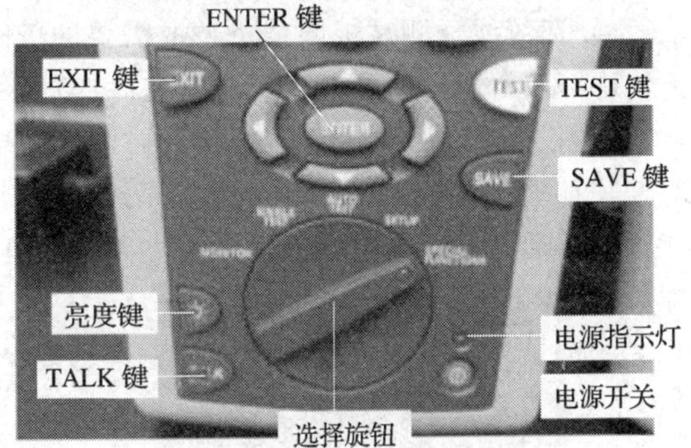


图 3—5—8　智能测试仪前面板图

2）智能测试仪应用步骤

①开机

a. 打开电源开关，如图 3—5—9 所示。

b. 开机完毕后等待 1 min，然后进行基准设置。将旋钮调到“Special Functions”位置，如图 3—5—10 所示。然后按“Enter”键，如图 3—5—11 所示。选择设置基准，会出现图 3—5—12所示的提示窗，根据提示将永久链路适配器插好，然后单击“Test”键开始设置基准，如图 3—5—13 所示。

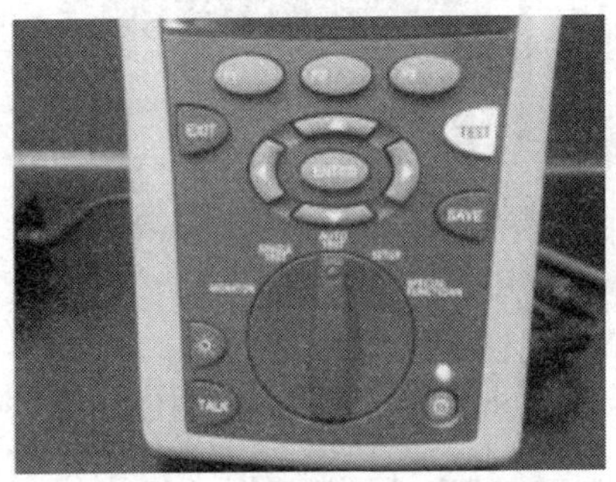

图 3—5—9　电源指示灯亮

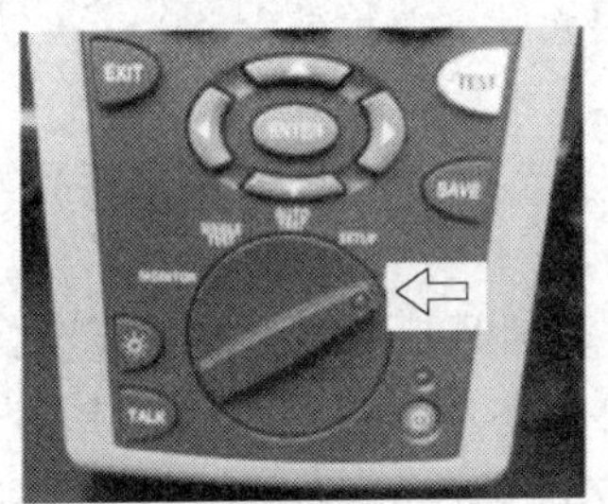

图 3—5—10　调整旋钮

图 3—5—11　单击“Enter”键

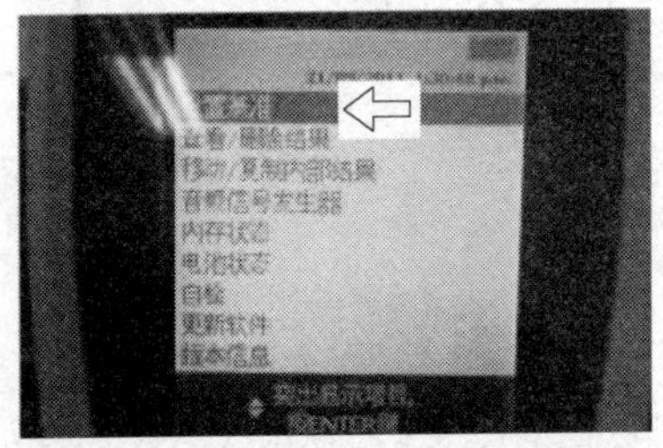


图 3—5—12　提示窗画面

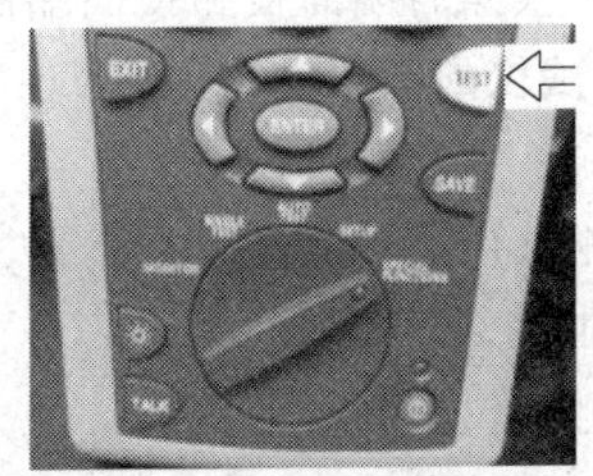

图 3—5—13　单击“Test”键

②测试

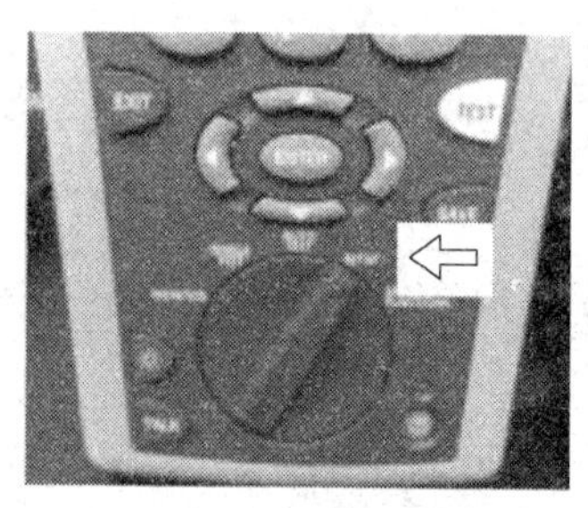
图 3—5—14　调整旋钮位置

a. 基准设置完成后开始对测试参数进行设置，将旋钮调到“Setup”位置，如图3—5—14所示。根据提示选择测试需要的参数。

a）双绞线→测试极限值→选取需要的极限值。

b）双绞线→缆线类型→UTP（非屏蔽双绞线）。

b. 设置完成后，将旋钮调到“Autotest”位置，如图3—5—15 所示。把需要测试的线缆两端分别插到测试仪和智能远端的通道适配器上，然后单击“Test”键（图 3—5—13）即可完成测试。

③记录。测试完成后，单击“Save”键保存测试结果，如图 3—5—16 所示。

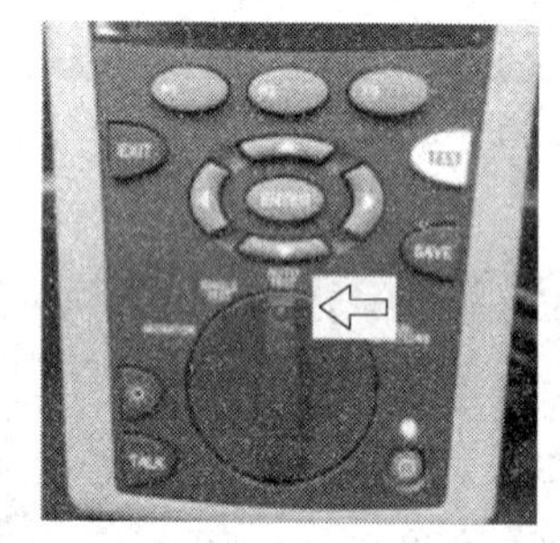
图 3—5—15　调整旋钮位置

图 3—5—16　点击保存键

## 二、时域测试仪的使用方法

### 1. 时域测试仪简介

时域测试仪是一种手持式光时域反射计，它可以找出多模与单模光纤中的反射及损耗事件并描述事件特征。最大测试距离，单模光纤为 60 km，多模光纤（波长是 1 300 nm）为7 km。

（1）时域测试仪的组成

一般由（主、附）测试仪、内存卡、备用电源、适配器、待测光缆和光缆清洁用品等组成。

（2）时域测试仪的面板

时域测试仪主要用于光缆的测试，它包括光功率计、光时域反射器及光损耗测试仪三种仪器。其中较常用的是光时域反射器（简称测试仪），尤其是福禄克测试仪，其测试准确、质量过硬。以下将以福禄克测试仪为例加以说明，福禄克测试仪的前端面板如图 3—5—17 所示，前端面板上各部分名称见表 3—5—1。

福禄克测试仪侧面端面板和顶面端面板如图 3—5—18 所示。

### 2. 时域测试仪的简单操作

（1）使用前，先对测试仪充电。

（2）进行测试仪的语言设置。

（3）自校准。

（4）进行测试仪的参数设置。

（5）记录测试结果。

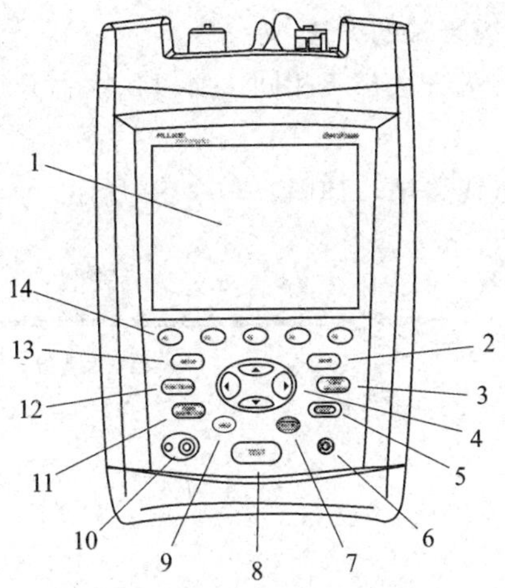


图 3—5—17　福禄克测试仪前端面图

1—带有背照灯及可调整亮度的 LCD 显示屏幕　2—SAVE：在可拆卸内存卡或内部存储器中保存测试结果　3—VIEW RECORDS：显示保存在内存卡或内部存储器上的测试记录　4—◁ ▷ △ ▽：浏览键可用于在屏幕上移动光标或加亮标明的区域并递增或递减字母数字值　5—EXIT：退出当前的屏幕　6—◐：调整显示亮度　7—ENTER：选择屏幕上加亮标明的项目　8—TEST：开始目前选定的光纤测试，将要运行的测试显示在显示屏幕的左上角，如要更改测试，则从主页（HOME）屏幕中按 F1 键更改测试或从功能（FUNCTIONS）菜单中选择一个测试　9—HELP：显示与当前屏幕有关的帮助主题，如要查看帮助索引，再按 HELP 键一次　10—⓪：开/关键　11—FIBER INSPECTOR：启动附加的 Fiberlnspector 视频探头，可用于检视光纤端面并将图像与测试结果一起保存　12—FUNCTIONS：显示其他的测试、配置及状态功能列表　13—SETUP：显示用于配置测试仪的菜单　14—F1 F2 F3 F4 F5：五个软键提供与当前的屏幕有关的功能，当前的功能显示在屏幕软键上

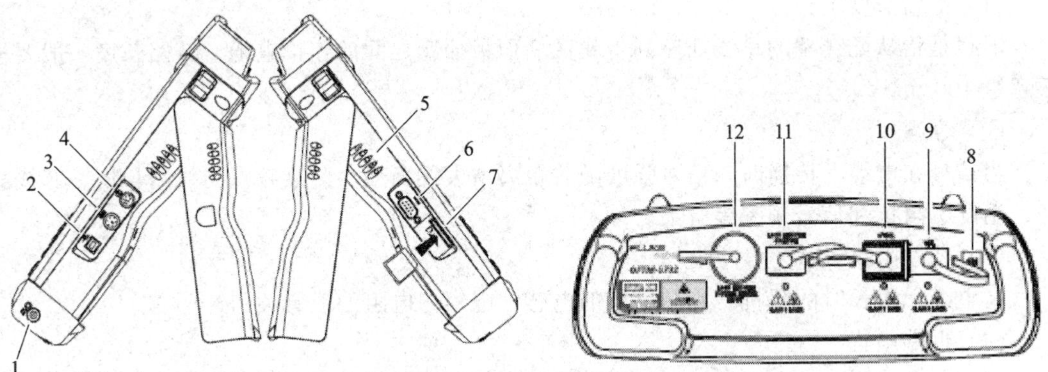


图 3—5—18　福禄克测试仪侧面端面和顶面端面图

1—交流适配器连接器，将适配器连接至交流电时，LED 指示灯会亮起　2—适用于上传测试报告至 PC 并从 PC 将更新软件下载至测试仪的 USB 端口　3—适用于附加外接 PS2 键盘的 6 针脚微型 DIN 连接器　4—适用于附加 Fiberlnspector视频探头的 8 针脚微型 DIN 连接器　5—风扇气孔　6—适用于上传测试报告至 PC 并从 PC 将更新软件下载至测试仪的 RS－232C 串口　7—可拆卸内存卡插槽。当测试仪在内存卡写入或读取时，LED 指示灯会亮　8—模块的多模（MM）或单模（SM）标签　9—OFTM－57xx：可视故障定位仪（VFL）连接器　10—光时域反射计（OTDR）连接适配器（SC 标准型）。激光正在工作时，LED 指示灯会亮　11—OFTM－5612B/5732：损耗/长度输出端口（SC）。适用于损耗/长度测试的光学信号传输　12—OFTM－5731/5732/5611B/5612B：带可互换连接适配器（SC 标准型）的损耗/长度测试输入端，适用于功率测量及损耗/长度测试的光学信号接收

**3．用福禄克测试仪测光缆衰减的方法**

由于不同时域测试仪的测量方法都不相同，所以，本书介绍的福禄克测试仪的操作方法仅作为参考。

（1）将测试仪接入被测试线路中，如图 3—5—19 所示。

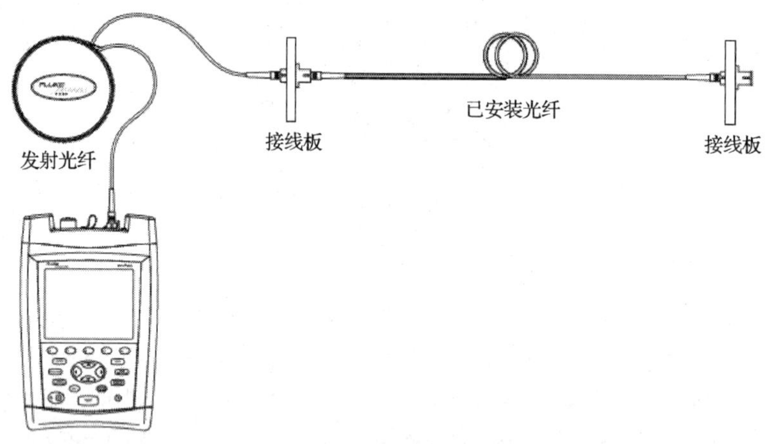


图 3—5—19　测量光纤参数

（2）按下⓪（开/关）键，打开福禄克测试仪的电源，开机。

（3）按下 TEST 键，开始目前选定的光纤测试。

（4）按下 F1 键，在显示屏上出现的画面中通过◀▼▲▶键，使光标停留在“动 Auto OTDR”的位置。然后，按下 ENTER 键，福禄克测试仪进行自动测量。

**4．光缆的技术参数**

（1）链路长度

链路是指从配线架的跳线插座到工作区墙面板插座之间的连接电缆。链路长度一般要求不超过 100 m。

（2）衰减

当信号在电缆上传播时，信号强度随着距离增大逐渐变小。衰减量与线路长度、芯线直径、温度、阻抗和信号频率等有关。

（3）特性阻抗

指电缆无限长时的阻抗。它与电缆的电感、电容、电阻的值有关。

（4）近端串扰

指一条链路中，处于电缆一侧的某发送线对于同侧的其他接收线对通过电磁感应所造成的信号耦合。

（5）远端串扰

指由反射机在远端传送信号，在相邻线对近端测出的不良信号耦合。

（6）回波损耗

指布线时由于阻抗不匹配而产生的反射能量。

**注意：**在进行光缆的测试时，取一个强光电筒，照射光缆的一端，如果另一端能看到光线反射出来，说明光缆接通了。如果另一端反射光线较强，说明光缆连接质量较好。

## 一、实训目的

1. 学会使用网络测试仪。
2. 学会评估网线制作的质量。
3. 了解光纤连接的技术参数。
4. 了解福禄克时域测试仪的结构。
5. 会使用时域测试仪进行技术参数的测量。

## 二、实训器材（表 3—5—1）

表 3—5—1　实训器材

| 序号 | 名称 | 数量 |
|---|---|---|
| 1 | 网络跳线 | 3 根 |
| 2 | 模块 | 1 个 |
| 3 | 网络测试仪 | 1 台 |
| 4 | 福禄克测试仪 | 1 台 |
| 5 | 单模光纤连接 | 2 组 |
| 6 | 多模光纤连接 | 2 组 |

## 三、实训内容

1. 网络测试仪的开关机。
2. 网线与网络测试仪的连接。
3. 网络测试仪的使用。
4. 直通连接与交错线连接的制作。
5. 认识福禄克测试仪。
6. 会使用福禄克测试仪进行参数的测试。

## 四、评分标准（表 3—5—2）

表 3—5—2　实训评价

| 内容 | 要求 | 配分 | 评分标准 | 扣分 | 得分 |
|---|---|---|---|---|---|
| 直通连线的测试 | 1. 会使用网络测试仪<br>2. 能根据测试结果判断连接线的质量好坏<br>3. 如果有故障，能指出故障的类型及故障点的位置 | 50 | 1. 测试方法正确得 20 分<br>2. 故障位置指定准确每处得 5 分（共三处）<br>3. 能正确排除故障每处得 5 分（共三处） | | |

续表

| 内容 | 要求 | 配分 | 评分标准 | 扣分 | 得分 |
|---|---|---|---|---|---|
| 了解时域测试仪 | 1. 学会给测试仪充电<br>2. 能指出福禄克测试仪各部分的名称<br>3. 会使用步骤 | 40 | 1. 会充电得 10 分<br>2. 能指出各部分名称得 20 分；每错一处扣 2 分<br>3. 使用步骤正确得 10 分 | | |
| 评测 | 由教师完成 | 10 | 1. 每少指出一处故障扣 2 分<br>2. 断线、短路未处理，扣 5 分 | | |